融 境 问 道

总 顾 问 ： 冯 晓 东

融 境 问 道
HARMONYSCAPE TINKER

有关场所、空间、城市
的传播与思考

徐 伉 编著

苏州大学出版社

序言
THE PREFACE

　　本书就"苏州的场所精神、海外的城市传播"这两个主题，从有关场所、空间、城市等关键词入手，展开多元探讨。并通过引入传播学视角和域外的视线，为建筑师、规划师、风景园林设计师以及城市文化研究者提供了一份富于新意的解读。

　　苏州香山工坊园林古建文化产业基地自2006年创办以来，不仅汇聚了中国园林古建企业集群和上百户商家，陆续建设了大师工作坊、承香堂、香山帮技艺展示馆、香山里园林商业水街、中国艺库、香山里情花格调酒店与园林公馆等硬体项目，还吸引了诸多国内外的工艺美术大师、知名设计师与艺术家的纷纷入驻，并引进了来自德国、澳大利亚、加拿大、日本、中国香港等国家和地区的多名海归人士，他们一同为香山工坊·香山里所展现的"中国姑苏生活的当代方式"营造了软体环境。

　　本书的作者徐伉先生即是其中的一名来自加拿大的海归人士。如今，由他主持的苏州民族建筑学会《景原学刊》，正以香山工坊为工作基地，以"源流传统的当代景观建筑报道"为办刊理念，致力于当代建筑、结构、景观领域的学术与文化传播。《融境问道》一书是自2009年至2012年，他陆续写成的一些理论思考，也是苏州香山工坊建设投资发展有限公司大力支持的一项文化成果，更是香山工坊以保护传承国家级非物质文化遗产"香山帮传统建筑营造技艺"为宗旨，进一步拓展当代海外视野，迈向更广阔世界的一项文化举措。

　　在此，我们欢迎更多的海内外有识之士，来香山工坊"诗意地栖居"。

冯晓东

2012年11月于苏州香山工坊

目录
CONTENTS

导言   1

场所精神之玄妙观   6
—— 从玄妙观探寻苏州气质

场所精神之虎丘志   22
—— 山水园林虎丘的空间传播探析

巷弄场所、庭园精神   56
—— "苏州庭园"别墅区的规划设计探析

场所精神之圆融时代广场   82
—— 圆融时代广场城市综合体解读

城市传播在海外之一   110
—— 城市空间传播初探:以丘吉尔广场为例

城市传播在海外之二   134
—— 双城记:加拿大的城市更新与复兴

城市传播在海外之三   146
—— 世界宜居之都:温哥华

城市传播在海外之四   156
—— 作为公共关系的公共建筑:关于建筑传播策略的理论与实践之思考

后记   166

场所精神（Genius Loci / Spirit of Place）

场所精神（Genius Loci / Spirit of Place）是一个古罗马概念，原意为地方守护神。古罗马人确信，任何一个独立的实在都有守护神，守护神赋予它以生命，对于人和场所也是如此。在罗马人看来，在一个环境中生存，有赖于他与环境之间在灵与肉（心智与身体）两方面都有良好的契合关系。

由此可以认为，场所精神涉及人的身体和心智两个方面，与人在世间存在的两个基本方面，即定向和认同相对应。定向主要是空间性的，使人知道他身在何处，从而确立自己与环境的关系，获得安全感；认同则与文化有关，它通过认识和把握自己在其中生存的文化，获得归属感。

挪威建筑学家诺伯·舒茨在20世纪70年代开创了建筑现象学，在其有关场所精神的理论中指出，场所是有着明确特征的空间，自古以来，Genius Loci或 Spirit of Place就已被当作真实的人们在日常生活中所必须面对和妥协事件。建筑令场所精神显现，建筑师的任务是创造有利于人类栖居的有意义的场所。建筑要回到"场所"，从"场所精神"中获得建筑的最为根本的经验。

场所这个环境术语意味着自然环境与人造环境组成的有意义的整体。这个整体以一定的方式聚集了人们生活世界所需要的具体事物。这些事物的相互构成方式反过来决定了场所的特征，使人们产生归属感的建筑空间就是场所，建筑对人的行为、思想、情感所产生的意义就是场所精神。

再具体到本书论及的苏州场所精神的指向，即建筑对苏州人的行为、思想、情感所产生的意义与塑造的气质而言，笔者较认同江苏省作家协会的郜科先生对苏州的评价："就整个城市规划理念来说，几千年的传统文明把苏州推向了'雅量'的境界。"似乎仅雅量一词，即已囊括了苏州的建筑对城市精神的塑形，以及其城市精神对建筑的回应。进而，苏州的场所与精神之间的结构关系在"雅量"上得以恰如其分的指向。这种"雅量"指向不仅体现在其地域性的特色上，也在时代性的流变中，经受着稳定性与延续性的考验。

城市与空间传播（Urban and Spatial Communication）

城市传播学是一门研究城市运行体系中各种载体（包括实体载体和虚拟载体）所承载的信息及其运行规律，以此促进城市良性发展，满足城市相关利益主体需求的应用性学科。城市传播学的研究对象是城市中的各种组织、个人和空间系统及其运行情况。

而城市空间传播研究，则是以城市空间系统为载体，从建筑学、城市设计与城市规划、社会学、传播学、艺术学等视野，通过对基地规划中的视觉关联、环境视觉质量和视觉形式及其表现等视觉规律方面，以及城市文脉与场所精神等社会人文方面的传播研究，来探寻城市空间传播的要义与价值，从而为城市意象的塑造，提供一种参考途径。

日本建筑学家芦原义信认为："空间基本上是由一个物体同感觉它的人之间产生的相互关系所形成。这一相互关系主要是根据视觉确定的，但是作为建筑空间考虑时，则与嗅觉、听觉、触觉也都有关。"因而，具体到空间传播研究，场所不仅是空间关系、功能、结构组织和系统等各种抽象的分析范畴，并且这些空间关系、功能分析和组织结构均非事物本质，不同的活动的空间传播需要不同的环境和场所，以利于该种传播在其中发生。而每个场所都是唯一的，呈现出周遭环境的特征，这种特征是由具有材质、形状、肌理和色彩的实体物质和难以言说的、一种由以往人们的体验所产生的文化联想来组成和传播的。

因此，从传播学角度而言，本书所涉的城市空间传播的探讨，则是聚焦于传播的文本和渠道这两项要素所展开的。此处所谓文本即指场所和场所精神，所谓渠道即指空间系统。由此，我们可以初步厘定有关场所精神与城市（空间）传播的关系。本书旨在探寻城市（空间）系统这一渠道对作为文本的场所精神的传播。

本书以上辑"场所精神与苏州"和下辑"城市传播在海外"为两个主题，从有关场所、空间、城市入手，并通过引入传播学视角和域外的视线，针对这些在建筑学、城市规划与城市设计、景观设计、文化研究等学科领域的关键词，如何契入历史与当下的文化、精神、艺术的形而上，如何在回望历史的远行中，以跨界的当代视域，游走于东西方时空之境，对城市空间的境象与意象予以解读，笔者于此展开了初步探讨。

应该说，本书非系统性架构的理论专著，而是笔者近年来陆续成文的一些思考的辑成汇编，若能为有关读者在解读苏州以及研究场所精神与城市空间传播方面，提供一点参考材料或思维方式，笔者即感欣慰。

拙 石

2012年10月于苏州

场所精神与苏州

THE SPIRIT OF PLACE IN SUZHOU

场所精神之玄妙观

——从玄妙观探寻苏州气质

玄妙观的窗

作为一名曾经旅居海外的苏州人，我回到家乡时，总是惦记着苏州古城中心的道教名胜——玄妙观。我总以为，玄妙观是苏州古城的场所中心，即使是以今天的古城与四向扩展的东园西区、北相城南吴中的苏州新城市格局而言，玄妙观仍不失为当代苏州的城市文脉中枢。并且，无论是从玄妙观的建筑历史、建筑形制、建筑体量等建筑学上的瑰宝价值，以及在中华道教丛林中的显赫地位，还是从其对苏州城市性格的显现或隐喻而言，玄妙观都无疑是解读苏州气质的一处经典场所。

一、 玄妙观之阐释

1. "观"的阐释

观，即看与被看。其简体字的结构为又+见，亦可理解为仔细地看、反复地看。

观，曾是古代天文学家观察星象的天文观察台。史载，汉武帝在甘泉造"延寿观"，以后，作观迎仙蔚然成风。据传，最早住进皇家"观"中的道士是汉朝的汪仲都。他因治好汉元帝顽疾而被引进皇宫内的"昆明观"。从此，道教徒感激皇恩，把道教建筑称为"观"。从皇家的看与被看限定在宫苑内，到道教建筑的观或隐身于山林湖沼（如穹窿山上真观）或跻身于市井城厢（如玄妙观），似乎皇权的神圣、宗教的超脱与世俗的生态，构成了一种玄妙关系。

玄妙观矗立于苏州古城的繁华闹市中心，它与世俗场所形成看与被看的关系，似乎让我们通过对它的观察，生发出一些观点，形成一点观念，并希望这些观点与观念也能经得起仔细地、反复地观看。

2. 建筑学阐释

　　玄妙观，相传原是春秋时代吴王阖闾的宫殿旧址。初建于西晋咸宁二年（276），称真庆道院。元代改名玄妙观。清初，为避康熙帝名玄烨之讳，改"玄"为"圆"，称"圆妙观"。此时为玄妙观最兴盛时期，是全国规模最大的道观之一。它几经战乱，屡建屡毁，现存正山门和三清殿建筑，1999年整体修缮，并恢建了东西配殿等建筑群。

　　现存的三清殿，重建于南宋淳熙六年（1179），被古建筑与文物学家罗哲文称为我国现存最大的一座南宋殿堂建筑。这座建筑也是最大、最古老的中国道观殿堂之一。设计者是南宋著名画家赵伯驹之弟赵伯骕。殿是重檐歇山式，屋脊高10余米，两端有一对高约3.5米的南宋砖刻螭。殿阔44米，深25米。内有高大殿柱40根，左右山墙檐柱30根。屋面坡度平缓，出檐较深，斗拱疏朗宏大，特别是内部月亮式梁架上檐内槽斗拱的上昂做法，为国内首例。

左页图1：三清殿　右页左图2：三清殿西立面上檐及斗拱　右页右图3：戗角与石柱

　　上檐内中四缝所用"六辅作重抄上昂斗拱"系出宋代《营造法式》，为国内唯一可珍贵之例。殿内内转角铺作在后金柱上者远离用插拱，即以丁头拱插于柱内，不用栌斗，亦以殿斗拱为重要特征，乃国内现存最古实例。整座三清殿石柱环列，斗拱雄健，月梁壮硕，合乎宋代营造法式。

　　殿内正中的砖砌须弥座，高1.75米，分上、中、下三层，系南宋遗物。座上供奉三尊高17余米泥塑的三清全身像，法相庄严，神采奕奕，虽经重修，仍不失为南宋道教雕塑中的精品。殿前建有宽广的青石砌成的露台，三面都设有石栏与踏垛，石栏板上的浮雕人物、水族、鸟兽等，形态逼真，极为精美，相传是唐宋时代的作品。至今，宏大雄伟的三清殿仍保持着南宋的建筑特色，在我国建筑史上占有重要地位。

殿内尚存吴道子绘老子像复刻石碑，碑上有唐玄宗李隆基的御赞和颜真卿的题字。另有"天庆观尚书省到并部符使帖"石碑，两碑均是南宋原物，为国之艺术瑰宝。殿外东侧矗立着一块高6.7米、宽2.7米的巨大无字碑。原碑上刻着江南儒生方孝孺写的一篇文章，后来明成祖朱棣篡夺了侄子建文帝朱允文的皇位，命方孝孺替他写诏书，以正皇位。方孝孺宁死不从，惨遭杀害，且株连十族，连同该碑文也被铲除灭迹，于是成了一块无字碑。

左页图4：妙一统元匾额

右页图5：无字碑

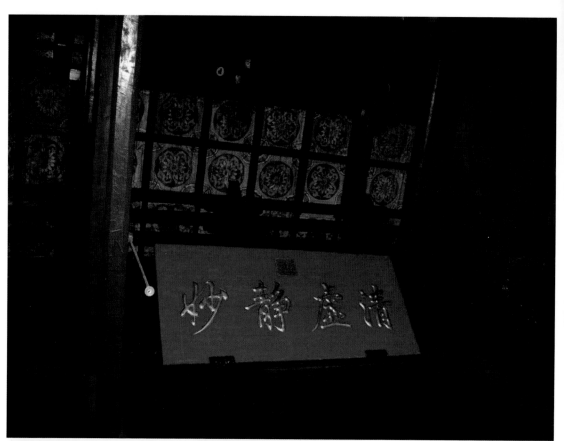

二、 玄妙观与城市性格

在苏州古城的老照片上，有一处视角是从城内的北寺塔鸟瞰古城。我们可以看到，玄妙观以其巍峨壮观的大型体量，为四面鳞次栉比的民居建筑群所环抱簇拥，雄踞古城的中心。这样的以道观位于几乎是城市中心的布局（南北中轴线上，东西中轴线略偏北），在现存的中国古城中也几乎是独具特色的。

以笔者个人的观点，从苏州古城与玄妙观的历史沿革，以及玄妙观建筑的特殊地位与文化价值着眼，我们似乎可以看到，2500多年前，伍子胥象天法地、相土尝水，为吴王阖闾设计建筑姑苏城，至玄妙观初建于西晋咸宁二年（276），其间近800年内，吴地文化是以尚勇、阳刚、直拓为性格的，延续着春秋吴国时代的东夷文化特征。

而西晋时期的竹林七贤的出现，以及东晋开始的，中原汉族士人大规模的向江南移居，即史称"衣冠南渡"，至南宋时期又达到一个人口与文化南迁的高峰。这些时代与文化的变迁，也是中国文人士大夫文化，即外儒内道的中华传统文化形成与发展，经历宋代的高峰后，最终归于明代的成熟。与这个文化变迁相对应的是，玄妙观自南宋淳熙六年（1179）得以重建开始，直至20世纪的800多年间，几经存毁与恢建，经历着兴衰、更迭与赓续。其间，苏州的吴地文化特征转而呈现出尚文、阴柔、内敛的性格。

也许，我们不难看出，苏州城市性格恰好是以西晋时期初建、南宋时期重建的玄妙观为两处历史节点，将其西晋咸宁二年前的近800年和南宋淳熙六年后的800多年，所分呈的阳刚与阴柔、尚勇与尚文、直拓与内敛，经过（东晋至北宋）汉文化南移的过渡时期，实现了吴地文化性格的相反相成。

右页上图6：三清殿内藻井
右页下图7：道德天尊像、元始天尊像、灵宝天尊像

左图8：三清殿内　右上图9：老子像

下中图10：三清殿内柱础　下右图11：三清殿的门槛

或者，按另一派考古说法，苏州城始建于公元9年，即王莽时期的泰德城。那么，自泰德城时期开始，隋文帝开皇九年（589），改吴州为苏州，再至晚唐时期唐昭宗大顺元年（890），玄妙观虽遭受兵火，但正山门与三清殿仍存。其间的800多年历经汉、三国、晋、南北朝、隋、唐，苏州所呈现的阳刚、超迈、直拓的城市性格，与这一历史时段上的汉文化性格是同质的。进而，再经过五代十国的纷乱而至北宋这一汉文化气质峰值的流变过渡期，与南宋淳熙六年（1179）后的800多年，仍可构成阳刚与阴柔、超迈与婉约、直拓与内敛的相反相成。并且至今，玄妙观三清殿仍是南宋遗构、国之瑰宝，仍是当代苏州文化遗产的物质形态场所。这些也正是玄妙观所凝聚与显现的城市性格之所在。

图12：三清殿

三、 玄妙观与苏州气质

1. 刚柔并济

21世纪以来，苏州的经济崛起、苏州工业园区的成功建设发展、苏州的城市保护与赓续，堪称是中国城市发展史上的一个奇迹，一座古城展现当代生机的奇迹。这些也必然引发当代人对苏州的城市精神气质的进一步探究与解读的兴趣。在此，笔者还以为，苏州工业园区的成就风貌与贝聿铭设计的苏州博物馆新馆，从某个文化视角而言，在城区与建筑形式上，就是对西晋及之前吴地早期文脉的发掘（暗合）、汲取与发扬之作。

例如，苏州工业园区的地域在春秋时代曾是吴王狩猎的长洲苑和名震中原的吴国铸造兵器的冶金工业基地，再加之后来金鸡湖的得名，在传统文化的风土五行上属金，性质阳刚。而现代工业属金，苏州工业园区的城区与建筑形式以西式现代风格为主，亦属金，可见其与吴地早期文脉不乏发掘或是暗合的关系。

又如，苏州博物馆新馆为建筑大师贝聿铭耄耋之年的封刀之作。他在设计中从色彩、体量、高度与风格上与基地周围环境尤其是与忠王府和拙政园衔接，与苏州古城的场所环境相处融洽。在建筑造型上，并未沿用江南建筑的传统形式与传统材料，而是在现代几何造型中体现形式素雅、错落有致的江南特色，屋面和墙体边饰用石材，用"中国黑"花岗石取代传统灰瓦，大面积的玻璃天棚与黑石屋顶相互映衬，以现代开放式钢结构取代传统的木结构。在建筑线面体的造型语汇上，除了个别漏窗外，很少见曲线的运用。苏州博物馆新馆所展现的阳刚、坚素、直拓的建筑风格，也可称为是对吴地早期文脉的汲取或暗合。

以上这些又与南宋及之后的吴地文脉相反相成，也在城区与建筑的关系上体现为苏州工业园区与古城的对接，苏州博物馆新馆与拙政园、忠王府的融合对接。如此，所焕发出的苏州气质，可谓一脉相承中，刚柔并济。

左页图13：三清殿外石砌栏杆细部

上左图14：玄妙观正山门 上右图15：宋碑

下左图19：玄妙观财神大殿

上左图16：三清殿南立面　上中图17：三清殿西立面　上右图18：三清殿北立面

下中图20：玄妙观文昌大殿　　下右图21：玄妙观寿星殿

2. 圆融共适

从历时性因素来看融合，吴地最初的渔稻文化，发展到良渚文化、青铜文化，再到大禹的太湖治水，"三江既入，震泽底定"，他把北方先进的生产工具和科学的治水方法带到吴地；再到泰伯奔吴，中原先进的制度文化和生产工具被吴人接受和使用，为了尊重吴地风俗，泰伯带领族人披发文身，与吴文化融适；秦汉至唐宋，中原先进的制度、生产技术、宗教文化艺术等再度融入吴地，形成吴文化的中兴；元明清时期，吴文化扩大和加深了融合的广度和深度，走向绚丽期，远播九州与海外；至近代，苏州人王韬、冯桂芬等有识之士力倡引进西学，苏州成为我国近代工业和近代文明的一个重要中心；至今，苏州已经成为仅次于深圳的中国第二大移民城市，吴文化也迎来了再度融合外来文化的高潮。

从共时性因素来看共适，传统苏州与现代苏州、山水苏州与园林苏州、苏州古城区与新城区、城市CBD与城市落脚地、老苏州人与新苏州人，就像太极图所蕴涵的圆融两仪，在或为相左的关系中互为相生。进而，这些体现在场所与建筑中，可以是异质文化的共适，人与技术的共适，内部与外部的共适，部分与整体的共适，地域性与普遍性的共适，理性与感性的共适，人与自然的共适，等等。这些映射着道家思想灵光的又一种苏州气质，可谓延绵不绝中，圆融共适。

我们似乎看到，在这片大吴胜壤上，苏州正以古典与现代、东方与西方、历史与未来的融合之境，正以玄妙观为场所，为这座城市的气质与场所精神给出一个当代的阐释。

参考文献：

苏州民族宗教事务局. 苏州玄妙观. http://www.zjj.suzhou.gov.cn/zjcs.asp.
赵欣浩. 苏州第一观——玄妙观. 生活时报. 2001-11-8.
洪钦. 从道家思想看建筑共生理论. 山西建筑. 2008（4）.
李勇. 吴文化发展与苏州城市精神的形成. 巢湖学院学报. 2011（5）.
谢俊. 经典重温：贝聿铭大师建筑创作思想浅析——以苏州博物馆为例. 中外建筑. 2012（3）.

（本文配图摄影：拙石）　　　　左页图22：三清殿西立面及重檐

场所精神之虎丘志
——山水园林虎丘的空间传播探析

虎丘鸟瞰图 （来源：苏州虎丘山风景名胜区管理处网站）

导言

素有"江左丘壑之表，吴中第一名胜"之誉的虎丘，与苏州古城内诸多以人工"城市山林"著称的古典园林相较，是一处园寺包被山水，文脉丘壑形胜的自然山水园林。如果说，以拙政园、留园、艺圃等为代表的苏州园林是以宅园分立、儒道相形为建筑空间构成，则虎丘是以山藏筑、筑包山，山筑合一的园林空间模式，成为含真藏古之巨丽，丘壑园筑之绝胜的中国山水园林典范之一。

本文以虎丘的山水、园林、建筑、空间为研究对象，通过对其空间的意象、结构、特性等共时性要素，及其承载的儒道释帝俗等场所文脉的历时性要素的描述与探讨，旨在探寻场所精神于山水园林虎丘的空间传播，试图为中国山水园林的境象研究提供一处参注。

一、 场所精神与空间传播之关系

1. 什么是"场所"（Place）

构成场所的三个基本组成部分：
（1）静态的实体设施（The Static Physical Setting）。
场所的实体建构；建筑物、景观和美学特征的体现。
（2）活动（The Activities）。
建筑和景观如何被使用，身处其中的人们如何互动，以及文化习俗如何起影响作用。
（3）含义（The Meanings）。
一个非常复杂的层面。首先是人意向和体验的结果，大多数的场所特征起源自人们对场所的实体和功能方面的反应。

场所的这三个基本元素彼此相互依存、密不可分。

2. 场所和空间（Place and Space）

（1）空间。

老子指出："埏埴以为器，当其无，有器之用。凿户牖以为室，当其无，有室之用。是故有之以为利，无之以为用。"挪威建筑学家诺伯·舒茨（C. Norberg·Schulz）在《建筑中的意向》中提出："空间的体积的形式和四周包被的特性同等重要。"他把海德格尔的"空间是从地点，而不是空无获得其存在的"这个观念扩充为"存在空间、建筑空间、场所"。空间由三个向度的（潜在的）边界围合而成，作为一个体系，由相对位置表明。

"所谓存在空间，就是比较稳定的知觉图式体系，亦即环境意象。"人对世界认识的图式是由中心出发，形成路径，并由路径划分区域，从而获取他所可及的世界的图式。这种图式概念里，不涉及科学定量的意思，而只是拓扑关系。它们是定性的而不是定量的。这些关系只是逐步地整合到图式中，并形成结构化的作为整体的环境意象。上述中心，即场所（Place），以人为核心，场所是一般组织化的基本手段。存在空间总是体现为场所，人的存在具有空间性。因此，说人，其中已说到了空间。

（2）场所。

"场所"是活动的处所。有人的活动发生，场所就与人关联起来。发生（Take Place），其本意即占据场所。场所作为存在空间的具体化，有空间和特征两方面。空间即场所元素的三度布局；特征即氛围，是该空间的界面特征、意义和认同性。

诺伯·舒茨认为场所不是抽象的地点，它是由具体事物组成的整体，事物的集合决定了"环境特征"。"场所"是质量上的整体环境。因此，场所不仅具有建筑实体的形式，而且还具有精神上的意义。

3. 场所精神（Genius Loci / Spirit of Place）

场所精神是一个古罗马概念，原意为地方守护神。古罗马人确信，任何一个独立的实在都有守护神，守护神赋予它以生命，对于人和场所也是如此。在罗马人看来，在一个环境中生存，有赖于他与环境之间在灵与肉（心智与身体）两方面都有良好的契合关系。

由此可以认为，场所精神涉及人的身体和心智两个方面，与人在世间存在的两个基本方面，即定向和认同相对应。定向主要是空间性的，使人知道他身在何处，从而确立自己与环境的关系，获得安全感；认同则与文化有关，它通过认识和把握自己在其中生存的文化，获得归属感。

诺伯·舒茨提出，场所是有着明确特征的空间。自古以来，Genius Loci或Spirit of Place就已被当做真实的人们在日常生活中所必须面对和妥协的事件。建筑令场所精神显现，建筑师的任务是创造有利于人类栖居的有意义的场所。建筑要回到"场所"，从"场所精神"中获得建筑的最为根本的经验。

4. 空间传播（Spatial Communication）

日本建筑学家芦原义信认为："空间基本上是由一个物体同感觉它的人之间产生的相互关系所形成。这一相互关系主要是根据视觉确定的，但是作为建筑空间考虑时，则与嗅觉、听觉、触觉也都有关。"

可见，在进行空间传播研究时，整体场所不仅是空间关系、功能、结构组织和系统等各种抽象的分析范畴，并且这些空间关系、功能分析和组织结构均非事物本质，不同的活动的空间传播需要不同的环境和场所，以利用该种传播在其中发生。而每个场所都是唯一的呈现出周遭环境的特征，这种特征是由具有材质、形状、肌理和色彩的实体物质和难以言说的、一种由以往人们的体验所产生的文化联想来共同组成和传播的。

因此，从传播学角度而言，本文所涉及的空间传播则是聚焦于传播的文本和渠道这两项要素所进行的研究。此处所谓文本即指场所和场所精神，所谓渠道即指空间系统。由此，我们可以初步厘定有关空间传播与场所精神的关系，即本文旨在探讨山水园林虎丘的空间系统这一渠道对作为文本的场所精神的传播。

二、 从建筑现象学视角探寻虎丘的场所精神

1. 建筑现象学概述

建筑现象学的理论和哲学基础是胡塞尔于20世纪初期创立的现象学和20世纪20年代海德格尔运用现象学方法所创立的新本体论以及后期从语言和诗学角度对存在的研究。逻辑的思维方式能得到事物的量的方面的信息并获得普遍性，但失去了事物本身的特殊性和具体的生动性。现象学哲学的根本精神就是回到事物本身，进行直接的观照。

诺伯·舒茨以此对建筑作现象学的思考，发展出建筑现象学，把建筑理解为人存在的立足点，其基本精神是回归生活世界，回归建筑本身。他认为"栖居"不只是"庇护所"，其真正的意义是指生活发生的空间，是场所。场所、场所精神和存在空间成为建筑现象学的核心范畴。建筑的形式结构，即空间与界面（边界），对应着人的在世结构，即定向与认同，并形成场所的精神。 建筑现象学的一个基本目的就是揭示建筑环境的本质和意义，而这种本质和意义又似乎被归结到场所这个重要概念之中。场所是人们存在于世的立足点，它以具体的建筑形式和结构，丰富了人们的生活和经历，以更为明确有力和更有积极意义的方式将人们和世界联系在一起。

建筑现象学的方法具体表现在两个主要方面：一是用具体而不是抽象和缩减的概念来描述环境现象，即通过这些术语所明示或隐含的具体环境结构形式和意义，将环境与人们的具体生活经历紧紧联系在一起。另一种是在具体的环境中，由特定的地点、人群、事物和历史构成的环境中，考察人们与环境之间的相互联系，从人们的环境经历中揭示出建筑环境结构和形式的具体意义和价值。

建筑现象学"直接面对事物本身"的考察方法即确定了它的基本内容。从总体上看，这个内容大致包括以下四个方面，它们也与建筑空间传播的领域相契合：
（1）建筑环境的基本质量和属性。
（2）人们的环境经历及其意义。
（3）衡量建筑环境的社会和文化尺度。
（4）场所和建筑同人们存在的关系。

2. 山水园林虎丘的空间意象

《吴地记》载："虎丘山绝岩纵壑，茂林深篁，为江左丘壑之表。"苏东坡曾言："到苏州而不游虎丘，乃憾事也。"据《史记》载，吴王夫差葬其父阖闾于此，三日后有白虎踞其上，故名虎丘。宋代朱长文则认为丘如蹲虎，以形名。宋方仲荀曾以"出城先见塔，入寺始登山"的诗句描写虎丘浮图当空、山藏寺里，建筑与山体浑然天成的特色。而明高启的"老僧只恐山移去，日落先教锁寺门"，则更见风趣。

虎丘高仅36米，面积仅300亩，但气势雄奇，有"九宜"之说：宜月、宜雪、宜雨、宜烟、宜春晓、宜夏荫、宜秋爽、宜落木、宜夕阳，无所不宜。南朝吴兴太守褚渊过吴境淹留数日，登览时曾叹曰："昔之所称，多过其实，今睹虎丘，逾于所闻，斯言得之矣。"

以上这些古人对虎丘的体验，为我们开启了一窥虎丘意象之门。可以说，虎丘意象是杂糅的，这种杂糅主要从两个方面呈现并结合为苏州的场所性地标指向，千百年的时空涌流与凝结于此的吴地精神，正是让人们通过对虎丘意象的追寻与发现来认同自身的存在与场所的关系。

（1）含真藏古的空间意象。

建筑学者李晓东指出，中国景观表现出来的最重要的特性是"势"，即"自然的张力"。John Hay认为"势"是无论一般还是特殊的事物所"表现出的一种具有潜力状态的任何现象的外形。因此它既在时间范畴内又在空间范畴内，永远也无法被几何化的方式描述和固定下来"。空间和自然景观拥有控制自然界最原始而又最永恒的力量——气和势。有生命力的气和作为结构的势相互作用所产生的力量赋予自然景观以勃勃生机。

虎丘位于苏州古城西北3.5公里处，其地质构造上是中生代火山爆发后的残存，曾为海中一小岛，古称"海涌山"。与苏州城西的穹窿山脉的诸山不同，它是一处火山遗存。虎丘是西边诸山中距苏州古城最近的一座，沃野平畴中兀立于吴中大地上，在历史上仅有七里山塘河与苏州城相连系。虎丘的势与气却是非同凡响。古人亦有"三绝"之说："望山之形，不越冈陵，而登之者，见层峰峭壁，势足千仞，一绝也；近邻郛郭，蠹起原畴，旁无连续，万景都会，西连穹窿，北眺海虞，震泽沧州，云气出没，廓然四顾，指掌千里，二绝也；剑池泓淳，彻海浸云，不盈不虚，终古湛湛，三绝也。"

图1：含真藏古

图2：虎字投射图

以虎丘如此有限量感的山体，却能造就非凡的势与气，这不仅是大自然的造化，也是其2500多年前春秋时代肇始的神秘气息，加之经东晋、唐、宋、元、明、清历代至今的经营，即人的气息痕迹赋予虎丘人文的张力。因而，自然与人文的张力共同塑造了虎丘的"抑巨丽之名山，信大吴之胜壤"（南朝顾野王诗句）。

晋代顾恺之曾赞虎丘为"含真藏古"之地（图1），其"含真"者应与其神秘气息所覆盖的空间意象有关。史载吴王夫差葬其父阖闾于此，葬后三日有白虎踞其上，故得名虎丘。宋代朱长文则认为丘如蹲虎，以形名。而现在一般的说法是：正山门为虎口，山体为虎身，云岩寺塔为虎尾，形似伏虎。似乎可见其"虎气真阳"的空间意象。此间笔者另有看法，即今日虎丘的山体建筑组合结构基本上在平面上投射为"虎"的字形结构：云岩寺塔为"卜"部；致爽阁、塔院、御碑亭、千顷云、万家灯火、小吴轩的水平"一"连线与巢云廊、三泉亭、冷香阁、拥翠山庄的"丿"形连线组合成"厂"部；悟石轩、可中亭、大佛殿、五贤堂、五十三参、仙人洞、白莲池、点头石、平远堂、花雨亭、养鹤涧连线为"七"部；万景山庄为"几"部。如此四部笔画的组合恰成"虎"字（图2）。这是对虎丘空间意象的又一解读。

而"藏古"者，阖闾墓、夫差试剑石、西施梳妆井；东晋高僧竺道生的"顿悟成佛"，南宋禅宗临济宗的绍隆禅师"虎丘派"讲学；道家吕洞宾与陈抟相遇对弈，清远道士养鹤；康熙、乾隆御驾登临题赋；历代文人如晋代顾恺之，六朝顾野王，唐代颜真卿、李白、白居易、韦应物、刘禹锡、陆龟蒙、皮日休，宋代苏轼、米芾，元代赵孟頫、倪瓒，明代王鏊、沈周、文徵明、唐寅、张岱、袁宏道，清代吴伟业、朱彝尊、洪钧、陆润庠等成为虎丘的儒释道帝王遗迹的藏古之地。亦即"含真"为气，"藏古"为迹，气迹与"抑巨丽之名山，信大吴之胜壤"的气势浑塑了虎丘的空间意象。

正如诺伯·舒茨所说的："景观和聚落可以用空间和特性的范畴来描述。空间是对构成场所的要素进行三维的组织，而特性则描述该场所普遍的气氛，气氛是场所最为广泛、综合和全面的特征。"由此可见，虎丘的气迹与气势混合了含真藏古气氛这一场所特征。

（2）万物生长的空间意象。

阴阳和五行则是中国传统世界观的基础，也是中国美学的哲学原理和方法论。从阴阳五行观可以揭示万物生长的内在规律与属性。

在阴阳关系上，李晓东教授曾言，中国传统的美学理论涵盖了"有"和"无"这两种基本思想。尽管这两种不同理念各有其特点，它们的主旨却同样是寻求超凡脱俗的意境和远离尘嚣的潇洒。中国传统思想也正是在这点上和西方有所不同，中国美学理论着重于物体组合所表现的意境，而从来不对美的物体本身加以强调。在中式空间中，人们对宇宙的想象主要体现在基本的中国空间特性上："有"和"无"，即有形的围合和无形的气。中式空间体验的主体是人在空间中产生的对"有"和"无"的交叉感受，而艺术在其中起到的只是激发人们联想的作用。"游"成为体验中国传统空间的必要方式——亲历万物生长的空间，而非远观般欣赏。在中国的传统空间概念中，空间本身的大小形态并不重要，重要的是人体验到空间大小形态的变化。这个原则奠定了中国美学理论的基础，也同样主导着中国人的世界观。

由此，我们试图从阴阳关系上来认识一下虎丘的空间意象：四野平畴与丘壑矗立、寺观园筑与山水、山阳佛寺与山阴道观、山南喧闹与山北幽玄、阖闾墓与虎丘塔、千人石与剑池、虎丘山与山塘河、树植与山石、建筑与院落、斗与拱、儒家士大夫与民俗、帝王与民间、形与势等等，这些两极化引发了空间的互动和变换。而从五行关系来看，剑、吴王、战争为金，建筑、园林、树植主木，河、池、涧、泉、道观为水，佛寺庙堂为火，丘壑、民俗、儒为土。阴阳互生、五行轮回、万物生长的虎丘，比苏州古城内古典园林更为丰富地将"天地人神"的空间元素杂糅一体，除虎丘塔的视觉统领全山景观外，其他各类景观元素并不强调主次关系，却可以有无相生、形态相宜，呈现万物生长的造化与造物。令人们在虽身行丘壑人间，却有云泉巨势之攀；虽游赏一山，却可统窥吴地地貌。此处阴阳五行的描述，笔者亦感觉有牵强附会之嫌，但对虎丘天地人神万物生长的直觉感受，也可为现象学的一种方法。

明袁宏道的《虎丘记》曾描述道："虎丘去城可七八里，其山无高岩邃壑，独以近城，故箫鼓楼船，无日无之。凡月之夜，花之晨，雪之夕，游人往来，纷错如织，而中秋为尤胜。每至是日，倾城阖户，连臂而至。衣冠士女，下迨蔀屋，莫不靓妆丽服，重茵累席，置酒交衢间。从千人石上至山门，栉比如鳞，檀板丘积，樽罍云泻，远而望之，如雁落平沙，霞铺江上，雷辊电霍，无得而状…… 剑泉深不可测，飞岩如削。千顷云得天池诸山作案，峦壑竞秀，最可觞客。但过午则日光射人，不堪久坐耳。文昌阁亦佳，晚树尤可观。而北为平远堂旧址，空旷无际，仅虞山一点在望，堂废已久，余与江进之谋所以复之，欲祠韦苏州、白乐天诸公于其中；而病寻作，余既乞归，恐进之之兴亦阑矣。山川兴废，信有时哉！"

无疑，至今，虎丘的山水园林仍在传播着其"含真藏古、万物生长"的空间意象。

3. 山水园林虎丘的空间特性

从历史形成略看，远古时代，虎丘曾是海湾中的一座随着海潮时隐时现的小岛，历经沧海桑田，最终从海中涌出，成为孤立在平地上的山丘，人们称它为海涌山。虎丘的人文历史可追溯到春秋时期，它是吴王阖闾的离宫所在。公元前 496 年，阖闾在吴越之战中负伤后死去，其子夫差把他的遗体葬在这里。据说葬经三日，金精化为白虎蹲其上，因号虎丘。虎丘由帝王陵寝成为佛教名山和游览胜地始于六朝。唐朝时期，白居易出任苏州刺史并领导苏州百姓自阊门至虎丘开挖河道与运河贯通，沿河修筑塘路直达山前，又栽种桃李数千株，并绕山开渠引水，形成环山溪。为纪念白居易功绩，后人称塘路为白公堤，即今山塘街，河为山塘河，皆长七里，号称"七里山塘"。此后1100多年间，山塘成为连接阊门与虎丘的唯一纽带，是从苏州城去虎丘的必经之路，历史上两者有着不可分割的关系，所以明清两代虎丘的多部山志无不将山塘包括在内，一并加以记述。南宋绍兴初（约1131年），高僧绍隆到虎丘讲经，一时众僧云集，声名大振，遂形成禅宗临济宗的"虎丘派"。从此至元明清，虎丘一直是东南丛林号为五山十刹者，遂居其一，并成为帝王僧道儒士凡俗流连云集、寄情咏志的吴中第一名胜。

从地理位置略看，虎丘位于苏州古城西北3.5公里处，四野平畴、孤山兀立，西接穹窿山脉，南望洞庭太湖，北眺江左虞山，东南却有七里山塘与苏州古城连结，因而千百年来可见的是，姑苏城的市肆繁华云蒸虎丘的山壑霞蔚，姑苏城的万家灯火映照虎丘的苍鹭齐飞，姑苏城的人文风流经七里山塘浸染虎丘的大吴胜壤。这一独特的山水人间格局，使得虎丘成为交汇天地人文的一处场所凝结之地。

左上图3（1）：拥翠山庄南门　右上图3（2）：拥翠山庄东墙

左下图3（3）：远眺冷香阁　右下图3（4）：远眺致爽阁院门

（1）地形景观。

李晓东曾引用西方学者对中国空间的解读：山是与天接触的地方，自然景观是一块净土，没有偏见和邪恶，它提供了一块场地，使一个有知识的人——即使没有显耀的身份和地位，也能够在这里讨论个人价值的问题；同时，它也为人们提供了一块圣地，以追求天人合一的境界。

虎丘高仅36米，占地仅200余亩，由于是在平林远野中孤立而起，并为建筑园林所包被，从地质景观学所强调的"形势"可见，"千尺为势，百尺为形"的理念在历代山水园林建筑的设计规划中就已然应用了。这种设计理念包含了从远处观大体直至近处建筑细部的动态考虑。虎丘作为苏州地区的一处小型体量山丘，由于其特殊地形造就的"形势"非凡，使其成为追求天人合一境界的一处理想场所。以形势非凡而言，我们可以看到，虎丘的地形结构由环山河、山谷、山脊、台地、盆地、缓坡、峭壁、涧壑、泉池、溪涧等构成，其地貌为园林建筑、树植、岩石所包被。各类地形地貌要素之间的关系对比强烈、虚实互生，其形势复杂而充满张力，又在布局上疏密得当，集结有序。

就其中一例园林建筑而言，如何从与地形的结合中求统一和营造形势，按彭一刚先生的《建筑空间组合论》，从广义的角度来讲，凡是互相制约着的要素都必然具有某些条理性和秩序感，而真正做到与地形的结合，也就是说把若干幢建筑置于地形、环境的制约关系中去，则必然呈现出某种条理性或秩序感，这其中自然而然地就包含有统一的因素了。例如，从拥翠山庄至冷香阁，再至致爽阁这三个建筑组团，就是沿着山体坡度形成由南向北、由低向高的三级叠升，其建筑群体体量与山体叠加，虽不高拔，却造成陡峻的形势，与二山门后至千人石的步道以及千人石盆地广场形成强烈的形势高差，此处建筑与山地的秩序性与统一性得以加强，其创造出的山水园林空间的跌宕气势是城市园林无法比拟的[图3（1）— 图3（4）]。

上图4：正山门内

下图5：二山门前步道

融境问道

（2）空间构成。

笔者认为，虎丘的园林建筑空间总体构成主要是由六处建筑群组和两处经典单体建筑组成的。即拥翠山庄与冷香阁建筑群组，致爽阁与塔院等建筑群组，千顷云、万家灯火、小吴轩、五贤堂、大佛殿、悟石轩等建筑群组，东南麓万景山庄建筑群组，北麓小武当、玉兰山房等建筑群组，西麓西溪环翠建筑群组，以及二山门和云岩寺塔两处单体建筑。如果从虚实关系上将这些建筑群组、单体建筑作为空间的实，则虎丘二山门至千人石的步道，千人石广场，五十三参、憨憨泉、剑池、第三泉、养鹤涧，云在茶乡、竹海、环山河则为环境空间的虚，其虚实空间既体现了主从关系，又很好地进行了疏密关系的布局，并且在空间序列中进行游赏流线的经营，在空间的藏与露，空间渗透、空间对比等设计处理中，创造出堪称"道法自然、融于自然"的环境营造实例和独特的山水园林场所体验。

a. 空间序列。

虎丘的组织空间序列沿主要人流路线逐一展开，有起伏、有抑扬、有收束、有高潮，这些空间集群的处理呈不对称、不规则形式，为游赏虎丘营造出渐入佳境、富有情趣和神秘感的氛围。例如，主要流线从正山门至二山门的步道视野比较舒阔（图4、图5），再从二山门迈向千人石的登山缓坡步道则为两侧山体夹抑而明显收束（图6），当抵达千人石时，眼前豁然开朗，由于身处千人石盆地广场，视线有一定的围合感，使得此处空间成为游赏虎丘南山主要景点的集结地，形成空间序列的第一个高潮（图7）。由千人石观赏颜真卿手书"虎丘剑池"，并引导视线至其左侧"别有洞天"月洞门形成空间的第二道收束（图8），待经千人石迈过别有洞天门，神秘幽深、三面壑壁的剑池豁然眼前，此处又形成空间序列的第二个高潮（图9）。继续由登山石阶进入云岩禅寺门后，悟石轩及大佛殿建筑组团再次形成空间的收束和封闭感（图10），待登高转入云岩寺塔院后，空间再次放开，此处是虎丘山顶远眺俯瞰景致的最佳处，空间序列的第三个高潮由此实现（图11）。

左页：左上图6：二山门后步道　　右上图7：千人石　　　　　　　　　　　　　　右页图11：虎丘塔院

左下图8：别有洞天门　　中下图9：剑池　　右下图10：悟石轩外"漱石"月洞门

左页图12：从正山门外望虎丘塔　　右页图13：从致爽阁平台望虎丘塔

　b.　空间的藏与露。

　　彭一刚先生指出，中国画论中强调意贵乎远，境贵乎深。传统的造园艺术也往往认为露则浅而藏则深，为忌浅露而求得意境之深邃，则每每采用欲显而隐或欲露而藏的手法，把精彩的景观或藏于偏僻幽深之处，或隐于山石、树梢之间。传统园林不论大小，都极力避免开门见山、一览无遗，总是千方百计地把"景"部分地遮挡起来，而使其忽隐忽现，若有若无。

　　虎丘的园林建筑是以其天然山水地貌为基地，经过历代僧道士大夫及民间人士的设计而成，并且很多是在历史的原址上层叠营建的，因此，在空间的藏与露上，更多地巧借地形地势，起伏仰俯的高差，以及峰回路转的掩映来表现意境深远的空间美学。例如，由正山门外望虎丘，仅见林道深远处云岩寺塔，却将山体掩藏，未见其真面目（图12），从致爽阁平台仰视云岩寺塔（图13），北麓小武当俯视（图14），陆羽井门洞俯视（图15），从云在茶香望玉兰山房（图16），湖石掩映的灵澜精舍（图17）等。

c. 空间渗透。

在群体组合中，借建筑物、廊、墙、门洞、树木、山石等把空间分隔成为若干部分，但却不使之完全隔绝，有意识地通过处理，使各部分空间相互因借、彼此渗透，从而极大地丰富空间的层次感。从一个空间看到另外一重、二重、三重、四重，乃至更多重的空间院落，营造深远的幻觉。这何尝不是古人将空间处理投射到人生的历时性境态中的一种觉悟？例如，从悟石轩北院西眺和东眺的空间层次（图18、图19），从远引若至门洞观登山步道（图20），东麓洗手间的天井（图21），万景山庄迎晖月洞门（图22），万景山庄水榭透视（图23）等。

左上图18：从悟石轩北院西眺空间层次　上中图19：从悟石轩北院东眺空间层次　右上图20：远引若至的空间层次

左下图21：东麓洗手间休息室　右下图22：万景山庄月洞门

d.　空间对比与封闭感。

　　虎丘的园林建筑主要通过群体组合求变化，这反映在外部空间的处理上几乎处处都离不开空间对比手法的应用。如拥翠山庄不波艇与山石步道（图24），第三泉与亭（图25），五十三参与大佛殿（图26），从悟石轩俯瞰千人石（图27），东麓仰视小吴轩（图28），西溪环翠的亭与溪池的对比（图29）等。另外，利用封闭的外部环境与开阔的自然空间进行对比，也是山水园林建筑的一种传统手法。例如，拥翠山庄就是封闭感较强的建筑组团（图31—图35），也是虎丘内嵌套的一处自成体系的山地园林，其错层叠落式建筑与院落精美地展现了与城市古典园林迥异的山水园林体例。笔者曾小憩于拥翠山庄内的问泉亭（图30），东侧院墙与树荫将院内空间与院墙外的登山步道隔离视线，只听见鸟鸣林间，春枝摇曳，步道上游人话语阵阵传来，而问泉亭内却我与夕阳对坐，大有"不问人间话语，只听墙外林泉"的逸趣。

左页图23：万景山庄水榭透视
右页图24：不波艇与山石步道

左上图25：第三泉与亭对比 右上图26：五十三参与大佛殿

中左图27：从悟石轩俯瞰千人石 中中图28：东麓仰望小吴轩 中右图29：西溪环翠

左下图31：虎丘拥翠山庄灵澜精舍内南望月驾轩 右下图32：虎丘拥翠山庄灵澜精舍后院西侧墙

上图30：拥翠山庄问泉亭

左下图33：虎丘拥翠山庄问泉亭南院侧墙

下中图34：虎丘拥翠山庄第一进西弄

右下图35：虎丘拥翠山庄抱瓮轩后院东侧台阶

左上图36：从千人石望虎丘塔　右图37：从万家灯火北院望虎丘塔

左下图38：从北麓后山望虎丘塔

（3）时间展开空间。

李晓东教授曾指出，在东西方的美学中，秩序与和谐是其基本原则。而和谐，高于秩序，可以作为中国艺术创作的规则和礼仪的最终目的，因为它包含了自然与人的稳定关系，它贯穿了整个中国哲学史。然而，这种和谐超越自然万物。为了适应社会生活，人们将这种秩序从大自然中抽象出来（尤其是在建筑语境下，这种提炼的基础对于后来形成的演化确有必要），而这种秩序在与新的社会层面结合时失去了代表性。因此，和谐不仅是指人与自然的外部关系，而且也意指了在社会发展中合理的人本身内在的特质。一般来说，中国传统建筑力争达到这种和谐，并以此作为形式化的最终目的和基础，而这种和谐体现在文化和社会的众多方面。进而，文化和社会作为时间性的因素，以其作用于空间形式的制度化，并以周期性的发展模式成为美学发展的最高成就，因其价值成为永恒的经典形式。

的确如此，这在苏州的文化概念形成的过程中是真实的情况，因而在其园林建筑文化的形成过程中也是如此。我们于此通过时间作用于空间形式的探寻，从几处纪念性建筑、纽结的空间体验等方面来解读山水园林虎丘的空间建筑特性。

a. 纪念性建筑。

云岩寺塔（虎丘塔）现残高48米，为八角仿木结构楼阁式七层砖塔，是江南现存唯一始建于五代的多层建筑。其腰檐、平座、勾栏等全用砖造，外檐斗拱用砖木混合结构。现塔顶轴心向北偏东倾斜约2.34米，据专家推测，因塔基岩在山斜坡上，填土厚薄不一，故塔未建成已向东北方倾斜，但斜而不倒，屹立千年。在空间关系上，云岩寺塔成为统摄虎丘景观的视觉高点。无论是从南麓的正山门、二山门、千人石、东麓、北麓、西麓，还是从六处建筑组团空间视线而言，其对空间的视觉引导而形成的场所概念都非常明晰，它展现的那种永恒迷人的神秘性质具有对虎丘空间的决定性作用。建筑学者沈克宁说，如果一件建筑设计仅仅从传统中来，而且仅仅重复场址的决定性因素，则会缺乏对今日世界和当代生活的关注。如果一件建筑仅仅谈及当代的潮流和负责的视像而没有触发与场所的共鸣，

左上图39：断梁殿前庭　右上图40：拥翠山庄正门

左中图41：拥翠山庄第一进抱瓮轩

左下图42：拥翠山庄问泉亭　下中图43：拥翠山庄通往月驾轩的台阶　下右图44：拥翠山庄灵澜精舍内南望问泉亭

那么该建筑就没有锚固在其场所上，因为它缺少建筑赖以立足的特殊引力，缺少它立足于该地点的特殊引力。在此我们似乎可以看到，使云岩寺塔存在的创造活动已超出其历史和技术知识，形成的焦点在于与时代的问题进行对话。云岩寺塔无疑已经成为苏州场所最重要的精神符号之一。它千百年来的屹立，以寂静俯瞰喧哗的气质，是与其构成、自明、坚固、实在、完整、诚实，以及温暖和神秘感相联系的（图36—图38）。

二山门（断梁殿）为元代建筑，其结构尚承袭了宋代建筑的特色。脊桁为两段圆木相接而成，故俗称断梁殿。其门扉、连楹、屋顶瓦饰及部分斗拱虽经后世修补，但仍保持了元代风格。虎丘山寺建在山里，是深山藏古寺的格局，而山门建在山前，形成山藏寺、寺包山、山寺合一的模式，在中国古代众多名山古刹中是一特例，游山即访寺，建筑与山体浑然天成，妙趣横生。在传统的中国园林建筑中，很多情况下，建筑的立面都是作为内院的背景，并不构成外部的景色。因此，中国传统建筑没有充分注意中距离的视觉效果。而二山门作为寺院建筑则是一个例外。它在中国传统建筑构图上不在于可作台基、墙柱构架与屋顶的"三分"，而是加强了屋顶与墙体部分的视觉效果，即它的大屋顶的持重体量与墙体的明黄色调，塑造了富于戏剧性的视觉体验，难怪很多游人将该建筑联想为《西游记》中令人发趣的土地庙门（图39）。

拥翠山庄在虎丘二山门内西侧，由清末状元洪钧发起并建于光绪年间，旧为月驾轩故址。这处文人园林面积仅一亩余，系利用山势，自南往北而上的共四层叠升式山地园林。其入口有高墙和长石阶，过前厅抱瓮轩，由后院东北角拾级而上，至问泉亭，由此可俯览二山门和东面景物。西侧倚墙有月驾轩和左右小筑二间，玲珑小巧。循曲磴北上为主厅灵澜精舍，此厅的前面和东侧都有平台，院落布局简齐。经厅西侧门，可继续登山至云岩寺塔下。此园无水，布置建筑、石峰、磴道、花木，曲折有致，但依凭地势高下，形成抱瓮轩、问泉亭、月驾轩、灵澜精舍四层叠升格局，这是一连串的建筑与内院的交互递升空间。值得一提的是，仅问泉亭院落内又形成三层叠落台地形式，其构思布局之巧妙，对地势高差与磴道转折等细节处理可谓精到考究。并且在拥翠山庄各层的院落平台上，又能借景园外，近观虎丘，远眺狮子山。这是一处实现传统文人"行藏皆宜、达隐兼修"的理想的山地园林佳作（图40—图44）。

左上图45：从千人石眺虎丘塔　右上图46：虎丘塔特写

下图47：东方斜塔——虎丘塔

b.　纽结的空间体验。

瑞士建筑师卒姆托（Peter Zumthor）认为，好的建筑应该接纳和欢迎人们的来访，应该使人们在建筑中体验和生活。他还提出一些质疑："为什么对建筑的基本要素如材料、结构、构造、承重和支撑、大地和天空缺乏信心？为什么不能够对成为空间的要素如围合空间的墙和其组成材料，凹凸、虚空、光线、空气、气味、接纳性、回声和共鸣给予足够的尊重，并细心对待它们？"建筑学者沈克宁则认为，视觉使人们与周围的事物分离开来，这是那种孤独的旁观者的感官，听觉则创造了一种联系和结合的感受。一种深刻的建筑体验能够使得所有外在的噪声停止下来，于是一切都归于沉寂。这是由于建筑的体验和经验将注意力集中在人们的真实存在上。建筑与其他艺术一样使人们领悟到人在本质上的孤独和寂寞性质。同时建筑将人们从目前的状况中分离出来，使得人们经历缓慢而又真实的时间和传统的流失。

历史上，晨钟暮鼓的禅寺佛颂、笙管洞箫的道观仙音、士子文人的琴诗雅集、民俗节庆的喧嚣闹语、四海游人的游赏云集，这样的梵音、道乐、诗咏、民歌、俗语，在虎丘的寺观、园林、草木、泉石、涧壑的空间中，或古绝、或离尘、或交响、或共鸣：二仙亭下听生公说法、千人石上叹大吴胜壤、风壑云泉藏吴王剑池、五十三参上阶阶见佛、云在茶香间玉兰山房、西溪环翠处曲水流觞、冷香阁外看梅花三弄、拥翠山庄中秉烛夜话，至今日，仍观日月光影律动，还听山水心曲低吟，更道是红尘滚滚海涌山，千年寂寂虎丘塔，让我们于此时空际会，更看出茂苑文华（图45、图46）。

笔者曾在山顶塔院内长久凝视着云岩寺塔，产生了强烈的触觉通感。正如沈克宁所言，从触觉系统而来的感觉是由包括整个身体而不仅是手的接触而获得的感觉。使用触觉在环境中体验物体实际上就是接触它们。作为一种直觉系统，触觉将分割的各种感觉结合统一起来，从而使人们在身体的内部与外部同时感知。在虎丘塔下，我想起了故乡西安的小雁塔，以及当年小学生的我，常常在塔下的仰望。小雁塔是密檐式砖结构佛塔，现存13级，约45米高，与虎丘塔高度相仿；小雁塔的轮廓呈现出秀丽的卷刹，它与虎丘塔一样，也是塔身宽度自下而上逐渐递减，塔身上为叠涩挑檐，即塔壁外面层间的出檐都以砖砌叠涩构作，外伸不远。此时，我似乎触手已及虎丘塔身的砌作装饰，这些按木构的真实尺寸做出的形制粗硕宏伟的斗拱以及砖作门、窗、梁、枋等的尺度规模仍显晚唐至五代的风韵，不禁感到蓦然回首，似乎自己触摸的是这一块块塔砖所筑成的一种交织空间，这种触觉领域豁然敞开。此刻，感觉体验强化了心理的尺度，使我于刹那间穿越时空，去追寻那些个人化的记忆与梦想的场所（图47、图48）。

法国哲学家梅洛·庞蒂（Maurice Merleau Ponty）认为，一部小说、一首诗、一幅画、一支乐曲，都是个体，也就是人们不能区分其中的表达和被表达的东西，其意义只有通过一种直接联系才能被理解，在向四周传播其意义时不离开其时间和空间位置的存在。就是在这个意义上，我们的身体才能与艺术作品作比较。我们的身体是活生生的意义与空间的纽结。可见，山水园林虎丘正为我们从时间中展开空间，从身体感觉到精神知觉，再到空间体验的纽结，从而形成场所精神凝结与流动的空间传播（图49、图50）。

三、 虎丘场所精神的结语

诺伯·舒茨认为的"存在空间"不是数学和逻辑空间，而是人与其环境过程的基本关系。他眼中的建筑现象学的定义为"将建筑放在具体、实在和存在的领域加以理解的理论，存在的范畴不由社会经济决定，存在的意义具有更深的根源，它由人们的'存在于世'的结构决定。"他批评现代主义建筑师们抛弃了存在的范畴，他认为建筑的存在目的就是使得场地（Site）成为场所（Place），也就是从特定环境中揭示出潜在的意义。由于建筑将场所精神视觉化，因此，建筑师的任务就是去创造富有空间传播意义的场所，由此帮助人们定居。沈克宁则进一步认为，在传统社会中，场所与建筑的联系是通过无意识地使用地方材料和地方工艺的方式显现出来的，是通过将景观与历史和神话联系来加以表现的。今日，我们必须发现联系场所与构筑的新方式，这是现代生活的建设性转化。

左页图48：云岩寺塔砖砌叠涩细部　　右页图49：交错的线与面

无疑，山水园林虎丘正是锚固于这样的传统与现代的空间节点上。香港建筑师李允鉌曾说："回复自然和创造自然是中国园林设计的基本目的和要求，它们包含着'人工的伟大'的含意，但不表达'人工的伟大'的外形。"的确，虎丘正是出自这样的中国美学造化。虎丘的魅力非常依赖其非凡的连续性，好像是一股强而有力的意志，要求每一新生代同心协力在中国山水园林艺术中创造出一件独特的作品。

而如果将虎丘视为苏州的城市地标性纪念物，那么，其作为具有苏州的永久和基本要素的一处重要场所，不仅是由其山水园林空间决定的，而且是由它所具有的历史和最近事件持续不断地在同一地点发生所决定的。这个场所同化事件和感情，形成苏州人对它的集体记忆。而历史也是通过事件的集体记忆组成的，城市被赋予形式的过程便是城市历史，持续的事件构成城市的记忆。而放眼于虎丘空间乃至苏州城市空间的历史，我们会发现其空间的秩序不仅是被人为赋予的，更是在历时性的创造过程中自发形成的。我们通过场所精神来理解空间的含义，所获得的这种瞬间感觉和感觉到的空间变化，使我们了解其空间传播并不仅是基于空间本身，更是基于个人记忆与集体记忆共时性的存在。

"崇文、融合、创新、致远"作为官方的苏州城市精神，投射到虎丘这一场所时，与虎丘的场所精神形成了一种集结，而这种集结也意味着回馈，即由虎丘的场所所赋予的说明再辐射回去。虎丘场所精神的结构也由于在历史轨迹里保存其与苏州的认同性而获得肯定。由此，虎丘的场所精神可以从苏州的城市精神中予以深度再探析，并应交由个人化的读取，这些读取将往复记入虎丘场所，在每个人的场所精神的读写中，汇集成我们共同的虎丘志。

参考文献：

李允鉌. 华夏意匠. 天津：天津大学出版社，2005.
李晓东，杨茳善. 中国空间. 北京：中国建筑工业出版社，2007.
李晓东，庄庆华. 中国形. 北京：中国建筑工业出版社，2010.
彭一刚. 建筑空间组合论. 北京：中国建筑工业出版社，2008.
彭一刚. 中国古典园林分析. 北京：中国建筑工业出版社，1986.
诺伯·舒茨. 场所精神——迈向建筑现象学. 施植明，译. 武汉：华中科技大学出版社，2010.
沈克宁. 建筑现象学. 北京：中国建筑工业出版社，2008.
苏州虎丘山风景名胜区管理处网站. http://www.tigerhill.com/cn.
场所精神理论讲义. 豆丁网. http://www.docin.com/p-40920414.html.

左页图50：卷石白水

（本文配图摄影：拙石）

巷弄场所、庭园精神

——"苏州庭园"别墅区的规划设计探析

"苏州庭园"别墅区的漏窗

巷弄：建立人的交往空间（人文关怀）

园林内省的空间

苏州旧有城市肌理

地块临近北寺塔应给予足够关注

水巷

……

这是建筑师林松在近年设计"苏州庭园"别墅区项目时，对苏州印象和建筑追求所提炼的几个关键词句。

一、开启城市学思考与研究

城市社区应提倡步行交通。汽车停入地下，增加人与人交往的尺度。1米：分辨气味；7米内：耳朵非常灵敏，交流无碍；20~25米：看清人的表情和心绪；30米：可分辨人的面部特征、发型和年纪；70~100米：确认人的性别、大概年龄和人的行为；100米：社会型区域。汽车停放得离家门越远，这一区域就会有越多的活动产生，因为慢速交通意味着富于活力的城市。把汽车停放在城市外围或居住区边缘，然后在邻里单位中步行50~100~150米到家，这一原则在近年的欧洲住宅新区中越来越常见。这是一种积极的发展，它使得地区性的交通再次与其他户外活动综合起来。

"苏州庭园"项目地块地处苏州古城区中轴北端，西临北塔寺，东望拙政园。该地块所处的区域内还有苏州工艺美术博物馆、贝聿铭大师主持设计的苏州博物馆新馆，以及多处文物及控制保护建筑。这里人文气息非常浓郁，又是旅游景点集中的区域，占尽地利、人和。随着近几年苏州旧城保护性改造工程的推进，古城区少有成片大规模的土地可供开发，而"苏州庭园"项目地块面积却达200亩。

苏州市规划设计研究院对该地块规划也提出种种设想，如规划的核心问题是传统形态与现代生活的融合。规划的最终目标是分解的地块能达到时空的同一。

　　（1）道路交通疏导规划道路网络布局：维护苏州古城道路的街—巷—弄的格局。

　　（2）地下空间利用规划主题：有效提高建筑利用率。

　　（3）传统文脉保护规划，传统民居群落的保护：规划要求整体上保持街巷空间格局、尺度，保持传统民居的原貌和色彩。

　　（4）传统风物的保护：区内有众多的古树、古井、古桥梁、照壁以及两段古城墙遗址和一座"知恩报恩牌坊"，规划通过挂牌、立碑、围栏、开辟绿地等手段予以全面保护。

　　建筑师在以上研究基础上，遵循规划指导思想，针对当前国内园林型房地产案例进行分析比照，总结出它们存在的一些不足：

　　（1）大园林串接单体建筑的思路适合于远郊，放在城区内易产生对城市肌理的破坏。

　　（2）以道路肢解地块，使建筑过于孤立，不易形成交往空间。

　　（3）以大院落20×20米围合成空间，尺度上失控。

　　（4）建筑单体以西式集中式为主，剩下部分设置园林，园林成为把玩的空间，建筑与园林结合略显生硬。

　　（5）建筑呈排屋状分布，缺少交往，位于城区中，价格高，不可能原拆原建，使原有社会网络衰失。

　　由此，建筑师希望以设计来弥补以上不足，重塑人文关怀，建立交往与内省的空间场所，创造富于城市活力、具有场所精神的空间。

左页图1：古树　　右页图2：苏州庭园东区入口

二、确立"追求苏州古街巷的空间格局，传统形态和现代功能组合"的项目整体构架

传统建筑外部形态包括进深肌理、空间尺度、建筑形制、装饰构件、材质色彩以及其他传统元素。其中纵深形态的进落肌理是传统建筑群落的最基本特征。

而在传统街弄尺度研究中，建筑师林松认为："街—巷—弄"的格局是苏州古城传统街巷的场所特色。街主要体现街道的交通性，巷和弄则更倾向于生活性。通过对古城多个传统街坊巷弄关系的调查后，他发现：巷多为东西向，弄多为南北向；巷的宽度多为6米左右，弄则以3~4米为主；巷较为通畅，弄较为曲折。由于消防要求低层建筑间距不应小于6米，因此，弄的延续受到一定程度的制约，以"巷—弄—巷"的形式，由巷承担消防主通道的职能，由弄承担消防次通道的职能。

于是，建筑师在"苏州庭园"项目规划设计中着力体现了以上特点，他设计的弄一般宽只有2米，窄而深，打开小门就是一片大的宅院，而走到尽头又会峰回路转。期望这可以暗合苏州园林"隐逸"的特点。因为苏州古典园林一般都取意于"隐于城市山林"，造园者大都为归隐官员，他们在官场上沉浮多年，知道不可太显山露水，唯明哲保身为立命之本。而现代的苏州民间，也基本上承袭了这种气质，轻易不露富。

巷、弄的设置作为场所，同时又具备了交往的功能，因为现代人的生活又需要邻里沟通交往，而不少现代建筑恰恰抹杀了人们交往的空间，因此，该项目在巷弄的交汇处又安排了一些公共的活动空间。这些交往性场所的营造，较为鲜明的体现之一，则是该项目集中的地下车库的安排。因为窄而深的巷弄汽车无法出入，即使可以出入也会人车混杂，带来很大不便。安排从地下车库回到家的步行系统，一是业主能够体验回家的感觉，二是可以提供邻里交流、交往的机会。

左页图3：邻里交往的巷

图4：巷

图5：弄

其二，在该项目中，巷、弄结合的布局又不是封闭的，该项目从地块中间辟出一条庭园路，将整个项目划分为东西两区，使每条步行的巷弄都不是很长，而且能与外界的街道保持紧密的联系，其他的巷弄端口也同样使封闭的系统与开放的街道有机联系在一起，使隐逸和交往的场所需求能够与城市巷弄和谐并存。

其三，"苏州庭园"项目以东西为巷，南北为弄，重现了苏州古城风貌的空间肌理，两条一纵一横的水陆并行的街道形成对苏州古城双棋盘格局的隐喻。园内以北寺塔为端景建立联系，整体上形成绿化丰盈、入口开敞、塔影西斜、寻影而归、过巷穿弄、入门庭、进院落的苏州古城空间意境。

而与苏州古典园林相较，庭园一般是以小尺度与民居建筑相合，可称为大型古典园林的雏形与基础。庭园曾在中国古代城市建筑中占有重要地位，亦构成当代城市直接的景观资源，有着其别具一格的美学精神价值。陈从周先生曾提到，唐人张沁《寄人》诗："别梦依依到谢家，小廊回合曲阑斜；多情只有春庭月，犹为离人照落花。"这就是写庭园建筑之美，回合曲廊，高下阑干，掩映于花木之间，宛若现于眼前。而这一"斜"字又与下句"春庭月"相呼应。不但写出实物之美，而且点出光影之变幻。就描绘建筑而言，也是妙笔。陈从周先生认为，他所集的宋词"庭户无人月上阶，满地阑干影"与张沁的诗句自有轩轾，一显一隐，一蕴藉一率直，足见庭园美学之意趣。而在市井繁华、用地紧凑的城市巷弄之间，庭园建筑不仅提供了在闹市中知识分子所迫切需要的幻想空间，并且有利于住在其间的各阶层居民的交往，使人际和谐的优秀传统文化在庭园建筑上得到最好的体现。由此，"内省、隐逸、交往"成为城市巷弄场所中庭园精神的生活方式表达。

左页图6：塔影入园　　右页图7：院墙

图8：弄

图9：弄

图10：茂竹掩映的弧形转角墙

图11：塔影夕照

图12：弄里人家

图13：弄里人家

图14：巷里夕照

"苏州庭园"的建筑采用多进式院落住宅布局。住居模式与类型分为：比联式（2户）——邻里关系的重塑；院落组合式（6户）——交往的层次性；独院式——微型园林与传统空间的探讨（小中见大、步移境异）；园林式（独户）——豪宅的诠释、择邻而居、独有的景观资源、现代生活的引入。建筑师在这里以书画的章法布局，"计白当黑"，将室内空间的"黑"与外部庭园空间的"余白"彼此衬托，相映成趣，相互借景，浑然一体。他还通过一些传统园林的空间手法，造就多种不同声色、尺度的空间氛围，在有限的空间范围内追求"庭院深深深几许"的庭园意境。

左上图15：比联式　右上图16：六联式

左下图17：独院式　右下图18：弄里曲径

图19：檐口、垛口、窗口的构成

图20：比联式北入口

图21：石作小桥、流水、塔影

图22：“苏州庭园”局部鸟瞰

图23：比联式北入口月洞门掩映在花木中

图24：苏州庭园

"苏州庭园"项目的建筑设计、景观与宅院设计，体现了江南民居和苏州庭园建筑的场所特色，更多地考虑了苏州传统文化底蕴与现代生活方式的融合，突出表现了内省、隐逸、交往的精神寓意。甚至包括建筑单体的立面处理与材料构成，也体现出传统与现代的有机结合。

三、首要把握关系、尺度，善用建筑符号

建筑师林松说："我们不是一味地做仿古建筑，而是结合现代人的生活需求进行创新，还有在材料选择上的创新。社会在发展，建筑也应该与时俱进，关系、尺度等方面当为首要把握，建筑符号则应善用之。"

参考文献：

李劲松. 园院宅释——关于传统文化与现代建筑的可能性. 上海：百花文艺出版社，2005.

鸣谢：建筑师林松对本文亦有贡献。

（本文配图摄影：拙石）

左页图25：屋檐与山墙细部　　右页图26：漏窗

场所精神之圆融时代广场

——圆融时代广场城市综合体解读

圆融时代广场鸟瞰 （来源：圆融时代广场方案设计文本. 美国HOK设计公司. 2006.3）

"望闻问切"是传统中医的诊疗步骤，本文以此四诊关键词为行文结构，并无意对城市综合体展开所谓诊断，仅提出一管之见的解读，就有关圆融时代广场城市综合体与苏州场所精神进行辩证观象，试图探问有关身体与精神的方剂，并最终交由每个人属于自己的解读。

一、望：中国城市（商业）综合体发展综述

1. 概述

城市综合体是指具有城市性、集合多种城市空间与建筑空间于一体的城市实体。城市综合体从功能业态定义，国外称之为HOPSCA，即Hotel(酒店)、Office(写字楼)、Park(公园)、Shopping Mall(购物中心)、Convention(会议中心、会展中心)、Apartment(公寓)。这一定义，是城市综合体内部"商业生态系统"的价值体现，各部分间建立一种相互依存、相互助益的能动关系，从而形成一个多功能、高效率、多元复杂而统一的建筑群落。

或许单从字面的意义上来看，综合体（HOPSCA）是六大组成因素的集合，但城市综合体本身就是一个可循环再生的商业生态系统，以一种功能为主，多种功能配套的商业形态之间相互促进，互为价值链，而不是各大商业形态的简单拼凑。

城市综合体一般会出现在城市核心区，具有体量大、投资大、建筑形式多样、功能复合等多种特点。关于优质综合体项目的评价，业内观点大致相同：首先，一个成熟、理性的城市综合体的标志是能满足城市精英阶层的居住、消费、休闲、娱乐、社交等多种形态的高品质生活需求。其次，综合体应拥有一定规模的持有型购物中心、五星级酒店或是高端写字楼。再次，大型居住型综合体建筑必须拥有齐备的生活系统。最后，由于城市综合体与城市的经济有着密切的联系，这一切都需要在交通方面与城市其他区域之间有快速、便捷的交通网络做纽带，有良好的交通环境，保证综合体内人员出行的便利。

目前海外比较知名的城市（商业）综合体有：法国拉·德芳斯，澳大利亚墨尔本中心、美国纽约世界金融中心、美国伊利诺斯州中心、日本大阪浪速区办公综合体、日本东京六本木区、中国香港太古广场、中国香港九龙综合开发案等。中国内地比较著名的城市商业综合体有：全国布局的万达商业广场，上海的上海商城、徐家汇中心、绿地中心，北京的华贸中心、富力城、国盛中心，天津的金融街、中粮大悦城，广州的中信广场、天河城，深圳的华润万象城、万科城、东海国际中心，苏州的圆融时代广场、苏纶场等。

2. 历史与现状

回溯人类城市发展史，我们不难发现，城市综合体实际上一直就以不同的形式在发展演变。《杭州日报》记者陈卿的有关研究称，欧洲古罗马时代的公共浴场，可以算是城市综合体的早期雏形。据历史文献记载，古罗马公共浴场并非现代意义上的浴场，而是容纳了浴场、讲演厅、图书馆、音乐堂、运动场、交谊厅以及星罗棋布的商店。这样一种将多功能综合于一组建筑内的空间组合方式，其影响甚至蔓延至18世纪以后的欧洲大批城市公共建筑集群。至于中国宋朝时期市井的瓦舍勾栏，以及民国时期风行中国一线城市，融汇餐饮、娱乐、商城的"劝业场"，亦可称为历史上中国式的城市商业综合体。

至于现代意义上的城市综合体的出现，则在欧洲工业革命之后。伴随着众多高层建筑在城市中的大量涌现，越来越多的单一建筑引发了城市环境污染、吞噬绿地、交通拥堵等许多问题，于是，城市综合体便应运而生。20世纪70年代能源危机开始之后，美国开始发展新城市主义，朝向更人性化、更环保的城市综合休的设计目的，以期创造更优质的城市生活价值。在亚洲，香港作为弹丸之地，其价值最高的还是城市综合体。尽管香港的别墅区距离城市不是太远，但是大家还是注重步行距离与便利的环境。从城市设计而言，考虑地理位置、体量规模、商业功能等方面，城市综合体各个功能应该互谋其利，然后互避其害。在当代中国，初期设计城市综合体大多只注重功能和定位的问题，而到了近年，一些地方政府与城市运营商已在原来定位和功能基础上开始更加关注其他因素的影响，例如：历史的传承与现代商业元素的有机融合等。

左页图1：圆融时代广场河岸西眺日落

著名城市学者简·雅各布斯曾说："设计一个梦幻城市很容易，然而建造一个活生生的城市则煞费思量。"据记者陈卿的报道，2012年年初，中国国家统计局发布的统计公报显示，2011年中国全年房地产开发投资61740亿元，比上年增长27.9％。其中，住宅投资44308亿元，增长30.2％；办公楼投资2544亿元，增长40.7％；商业营业用房投资7370亿元，增长30.5％。这些数字飞涨的背后，地方政府和城市运营商对城市综合体的开发，表现出了异乎寻常的热情，但也因此催生出一些现实问题。当今中国的一、二、三、四线城市，集体进军城市综合体已成事实。一些不切实际、贪大求全以及同质化日趋严重的城市综合体发展计划已然浮现，以此追逐所谓潮流。而更大的隐忧，还在于屡屡发生于当下的城市规划上的任意与多变。要知道，让一个城市综合体初具规模，法国拉·德芳斯用了16年的时间，日本东京六本木用了19年的时间。

左页上图2：圆融时代广场东眺湖东CBD　　　　　　　　　　右页图4：圆融时代广场天桥上的LOGO

左页下图3：久光百货北立面远眺

二、闻：苏州城市空间的结构性背景与场所精神指向

1. 苏州的城市空间演化与结构互动

武汉大学教授赵冰等学者认为，公元前484年，吴国建都城于苏州西郊木渎地区的丘陵之间。公元9年，王莽复古制，改吴县（汉朝时苏州称谓）为泰德，另建泰德城，此为今苏州城建城之始。泰德城是一座地势低缓的泽国水城。有水陆八门，城中辟有宽阔的河道。平门是泰德城的北门，胥门是西南面的城门。公元23年，泰德复名吴县。至公元1130年（南宋建炎四年），金兵南侵，战火摧毁了苏州城（平江府）。宋绍兴初年，高宗赵构拟迁都平江，对苏州城按都城要求进行重建。后知府李寿朋把重建后又经过近百年发展的平江城的平面图刻于石碑上，即为著名的《平江图》。当时的苏州城周长约35里，城市的布局与河网水系密切结合，构成"水陆并行、河街相邻"的双棋盘式格局。又据美国学者施坚雅（Skinner）的研究，明清两朝时期，苏州发展的规模仅次于都城北京，是当时中国最繁华的经济中心城市之一。明初重加修复苏州城，城南北长12里，东西宽9里，周长45里。城内河道长约86公里，比宋朝有增加，城墙外已形成居民区。清朝的苏州府城下辖24个市镇，形成了城内园林密布，城郊众星拱月的全方位发展格局。民国至新中国成立之初的这段时期，苏州城市格局的重要变动有：1927年苏州市政筹备处在建筑学家柳士英主持下，制订了突出苏州旅游休闲功能的城市建设计划，并进行了一定规模的市政建设，以及令苏州人痛心的记忆，如20世纪50年代拆城墙、填护城河、填城内河道等。

迈入21世纪以来，苏州市区面积陡增至1649.72平方公里。由园区、新区、吴中、相城和古城区构成的五区组团得到了平行发展，迎来了苏州历史上的建设高潮。另一方面，保护古城的意识空前高涨，当代苏州形成了古城居中、东园西区、一体两翼、南景（风景区）北廊（交通走廊）、四角山水、多中心、开敞式的城市空间形态。同济大学教授陈泳于2006年的研究称，苏州以开发区为载体的产业空间拓展和人居环境改善所带来的区域性扩张和重构，是城市形态演变的主要特征。但在五区组团的重构中，城市外围低密度扩散，次中心尚待孕育发展，亚十字形城市形态的离心作用受到抑制。但随着近年的快速发展，我们已经看到，苏州正演化出多中心的城市公共空间结构，尤其是其工业园区正在成为苏州的新城市中心。

左页图5：久光百货北立面细部

有关苏州城市的空间结构互动，从形态演化角度看苏州的发展，政治政策结构方面，从1993年定位于"较大的市"，发展至今定位为"特大型城市"。陈泳认为，在经济技术结构方面，从倚重于外向型制造业经济，发展至今为私营个体经济投资总量超过外资，投资大多集中在中心城区和开发区内，这无疑对苏州的空间形态演化产生新的影响。在社会文化结构方面，外向型经济的发展使许多外来企业和管理组织在新区和园区落户，它们在经济投资的同时也传播着自己的文化意识和生活方式。市场经济的快速发展，使社会阶层发生分化，出现了极化趋势，从而导致城市空间结构的分异，城市空间的不均衡增长正是它的显性表现。城市综合体也随之应运而生。这些都深刻地影响着城市空间形态的演化。

2. 苏州的场所精神指向

挪威建筑学家诺伯·舒茨在建筑现象学理论中提出"场所精神"，场所这个环境术语意味着自然环境与人造环境组成的有意义的整体。这个整体以一定的方式聚集了人们生活世界所需要的具体事物。这些事物的相互构成方式反过来决定了场所的特征，使人们产生归属感的建筑空间就是场所，建筑对人的行为、思想、情感所产生的意义就是场所精神。

按照主流的考古说法，苏州城始建于距今2500多年的吴国时代，而目前另一派考古说法称，苏州城始建于王莽时期公元9年。即便如此，苏州城仍可称为在2000多年的原址上没有变迁的中国城市中的凤毛麟角。苏州位于太湖东北侧，城外丘陵起伏、湖泊点缀，城内河巷纵横，建筑街道沿河而建，前巷后河、水陆并行，粉墙黛瓦，古城门、古典园林、老街坊、小桥流水人家，以及评弹、昆曲、工艺美术等等，这些文化遗产和现代硕果共同铸成了苏州的场所精神。苏州大学教授方世南在解读"崇文、融合、创新、致远"这一官方的苏州城市精神时认为：在崇文方面，苏州自古文盛出状元，到现代的李政道、贝聿铭、吴健雄等大师，他们走出苏州、享誉世界，现代苏州更秉承了崇文重教、尚智好学的优秀传统；在融合方面，苏州的文化是水文化，苏州人具有谦恭纳百川、包容蓄和谐的气质，无论是历史上的，还是今天的大量移民定居苏州，他们都为苏州的多元文化增添了新的内涵；在创新方面，当代苏州以"张家港精神、昆山之路、工业园区经验"这三大法宝，正在国内率先实现城乡一体化和基本现代化；在致远方面，特别是改革开放以来，苏州人总能抓住历史机遇，理想远大、面向未来，致力于建设生态文明城市的可持续发展之路。

左页图6：圆融时代广场写字楼远眺

左上图7：天幕远眺　右上图8：圆融桥局部

下图9：景观桥

再具体到苏州的场所精神指向，即建筑对苏州人的行为、思想、情感所产生的意义与气质而言，笔者较认同江苏省作家协会的郜科先生对苏州的评价："就整个城市规划理念来说，几千年的传统文明把苏州推向了'雅量'的境界。"似乎仅雅量一词，即已囊括苏州的建筑对城市精神的塑形，以及其城市精神对建筑的回应。进而，苏州的场所与精神之间的结构关系在雅量上得以恰如其分地指向。并且，这种雅量指向不仅体现在其地域性的特色上，也在时代性的流变中，经受着稳定性与延续性的考验。

三、问：现代综合体建筑语汇的运用及对苏州传统意象的表现

1. 城市综合体空间形态对苏州传统意象的观照抑或表现

圆融时代广场的空间形态体现出典型的城市商业综合体特征，除了倾斜穿插的体块组合形成富于动感的立面，其中最具特色的造型元素当属穿越整个地块的LED天幕。在人流集聚的晚间，天幕播放的短片和广告配合音效使之成为整个商业综合体的视觉焦点，游走其间能感受到强烈的光影效果。这一创意甚至在综合体落成之初即成为其吸引消费者光顾的最重要的元素。

另一处空间上的特征是穿越其间的河道以及跨河的几座景观桥，从设计者的角度似乎是要将苏州传统的"小桥流水"的城市意象通过提炼的现代手法表现出来，但使用的钢构架、木板铺装、玻璃构件等材料均从直接的形象感官上与传统韵味相去甚远，但从综合体整体的造型风格来看，又是较为恰当的。

由于圆融时代广场位于仿效新加坡模式而启动的苏州工业园区，体现现代感或时尚感当属建筑语汇的自然选择。另一方面，正由于苏州作为江南水乡和历史名城所带给人们的固有印象，在城市新区体现出的时代感会更强烈地激发城市演变过程中的活力。这也是当前世界上许多历史性城市在新的建设项目中所采取的策略之一。新植入的城市空间与古老的城市空间所形成的对比和反差反而可以使新、旧两方面的城市肌理都得到加强。而新、老城市空间在物质形态反差关系上，如何互动达成现代与传统语汇在意象关系上的融境，这已是历史性城市在当代面临的重要课题。

2. 高端建筑材料的大规模使用是对苏州城市含蓄素雅风格的冲击抑或改造

作为政府的形象工程之一，这一城市综合体开发的资金支持是非常强有力的，仅建筑工程造价按建筑面积计每平方米达7000元。正是由于对建成效果的过度关注，在建筑材料的使用上似乎超出了常规的选择。建筑外墙大量采用铝板、玻璃幕墙和花岗岩，甚至在地下停车库的车道侧墙也采用了磨光花岗石板饰石。较为奢华的久光百货室内购物空间也几乎接近一线国际都市中心高端商业空间的标准，但由于中国目前整体消费水平尚未很高，这样的购物环境和较高价格的商品使其消费人群只能定位在中高收入阶层。这也在另一方面反过来维持了其作为高端消费场所所需要的优雅氛围，避免出现像大多数中国的购物中心那样的拥挤热闹场景，却又无法避免在有些时段门可罗雀的尴尬气氛。其中一个例外的部分是位于久光百货地下一层的食品超市和餐饮广场。这里相对经济的消费，使得其人气有所聚集。

苏州传统民居粉墙黛瓦、庭园深深、小桥流水人家所营造的城市风格，正在经受着园区、新区等开发区规模化的现代性围裹。可以说，以圆融时代广场为代表的，呈现现代奢华、大型体量的开放式空间，使苏州传统素雅、呈内敛式的城市空间气质因前者的地域性介入，而经受着价值体系的冲击与文化意识的重组，并促发着历史性、内在性的重构。

左页图10：久光百货北入口　　右页左图11：久光百货下沉式入口　　右页右图12：金属树池

四、切：高端城市综合体定位与西方消费文化的中国式解读

1. 复制西方模式的诉求：消费主义生活方式与城市空间的符号消费

圆融时代广场作为目前苏州地区已投入使用的最大建筑规模（51万平方米）的城市（商业）综合体，是由国资背景的苏州圆融发展集团有限公司投资开发与运营的。这一处高端城市（商业）综合体的定位，从某种意义上说，也意味着在苏州这片江南意蕴延绵、传统积淀深厚的大地上，植入了一处西式现代建筑语汇的空间场所，其刻意复制西方模式的诉求，似乎也难以回避消费主义所营造的城市空间符号消费的窠臼。尽管本章的文化批评式行文与前三章的阐述在逻辑关系上不甚紧密，然而，消费文化、消费主义与城市综合体的结合，已然形成一种景观社会现象，作为对当下建筑与城市的解读，这已是无法绕开与回避的问题。

所谓消费主义，是指这样一种生活方式：消费的目的不是为了实际需要的满足，而是在不断追求被制造出来、被刺激起来的欲望的满足。消费主义是一种追求和崇尚过度的物质占有或将消费作为美好生活和人生目的的价值观，以及这种观念支配下的行为实践。法国哲学家、社会学家让·鲍德里亚（Jean Baudrillard）创造性地提出"消费社会"的概念，即消费社会的产生是以生产为中心的社会向以消费为中心的社会转变的必然结果。消费社会的物已经不是传统意义上自然状态下的物，而是具有符号意义的物，其价值体现在物品所蕴涵的社会意义上。对物的消费，也就是对物的符号意义的消费。而符号的价值就体现在表现风格、特权、奢侈和权力等的社会意义标志（品牌），这些成为商品和消费中越来越重要的部分。西北政法大学学者方立峰认为，特别是中国加入世界贸易组织（WTO）之后，经济全球化带来了消费全球化，消费主义文化也开始流行中国。在这个消费主义时代，一切物质商品都被品牌文化包装，而一切文化又都变成商品，纳入商品交换的轨道，物质和文化的消费都商业同质化。

鲍德里亚的老师，法国哲学家、社会学家亨利·列斐伏尔（Henri Lefebvre）提出"空间生产"的概念，他从空间的维度出发，对西方资本主义社会进行广泛的考察和论述，在此基础上提出了当代社会已由空间中事物的生产转向空间本身的生产这一重要观点，并认为这一转变是由于生产力自身的成长以及知识在物质生产中的直接介入，其具体

左页图13：圆融时代广场商业街局部

表现在具有一定历史性的城市的急速扩张、社会的普遍都市化以及空间性组织的问题等方面。苏州是一座高速城市化的中国东部发达城市，一方面是城市向郊区和乡村的扩张，以工业园区、开发区为代表的新城市空间在不断地被生产；另一方面是城市制造业向以知识和服务为主体的第三产业转变，造成城市中心区大量生产、仓储用地的闲置，这些为房地产开发与旧城更新提供了空间和机会。由于园区休闲娱乐业的发展和商业旅游的兴起，以圆融时代广场为代表的商业综合体成为苏州的一处可观、可玩、可游和可以体验的城市空间消费品。譬如，在海外，明星建筑师弗兰克·盖里(Frank Gehry)设计的毕尔巴鄂古根海姆美术馆，与其说是文化建筑，不如说是成功的消费品。它对毕尔巴鄂市的旅游消费经济的振兴功不可没。在当下，建筑正尾随广告之后，充当着文化与商业之间的又一种基本媒介，并且通过大量的美学生产形式，裹挟着消费主义的汹涌潮流，重塑着城市空间的符号形象。这也是城市空间符号消费的时态进程。

2. 现代西式空间生产与符号消费的解析：以圆融时代广场招商文本为例

笔者以解析圆融时代广场的招商文本为例，并非针对圆融广场的开发运营商——苏州圆融集团进行所谓批判。事实上，圆融集团作为苏州商业地产的领跑者，尤其对苏州工业园区的建设发展作出了很大贡献，这是有目共睹、毋庸置疑的。本文仅试图从理论意义着眼，通过解析当下流行文本，对当代城市空间生产中的消费主义与符号消费予以管窥。

项目优势：
作为苏州市重点建设项目，圆融时代广场在规划、设计、建设、招商等各个方面都精益求精，力求与苏州环球时尚消费地标的国际定位契合，倾力打造华东地区最具影响力和商业价值的品牌街区。

——解读：苏州作为全球时尚消费的所在地之一，形成国际性的城市形象符号，圆融广场则成为华东地区首屈一指的场所消费符号。此处若是指苏州市民（包括在苏州定居的海外人士）在圆融广场消费某些国际性商业品牌，则圆融广场堪称是一处面向本土的时尚地标。而若是指环球的旅游、商务型消费者来到华东地区，来到苏州，来到苏州工业园区，再来到圆融广场进行国际性品牌的时尚消费，似乎存疑。

左页上图14：圆融时代广场夜景1　　左页下图15：圆融时代广场夜景2

图16：久光百货夜景

区位：

圆融时代广场地处苏州工业园区金鸡湖东岸，园区钻石地段，未来CBD核心位置。项目东临金鸡湖广场、园区行政中心，西迎晋合洲际酒店、苏州科技文化艺术中心，南北紧邻建屋新罗酒店、凯悦酒店，并有高档住宅群分布于周边。

——解读：圆融广场地处超越黄金地段的钻石地段（财富即尊贵的最高端），奢侈消费（豪华酒店）、政治与文化权力（行政中心、科技文化艺术中心）、特权阶层（高档住宅群）等社会意义上的标志作为一种符号价值被高调放大。

交通：

圆融时代广场交通网络四通八达，现代大道、金鸡湖大道、金鸡湖大桥环绕周围；2个大型公交换乘中心位于时代广场两端；苏州轻轨一号线6个地铁出入口与广场全面对接，一号线将连接苏州最重要的城市节点与商业、文脉动线。

——解读：最高效率、最便捷地抵达消费场所，使遥远的消费者可以通过航班、高速公路，市域远郊的消费者通过轻轨、换乘公交、自驾车等途径汇聚而来。就像城市学者王宁认为的"城市的大型购物中心已成为城乡居民的商品朝圣的场所"。这或许也是符号消费朝圣的"在路上"。

景观：

圆融时代广场通过景观设计将多个独立建筑有机串联，使休闲、娱乐与购物融合在一起。横穿时代广场东西的天然河道，引入金鸡湖活水，未来水上巴士穿梭其中；滨河餐饮娱乐区，网罗无国界美味，尽享世界珍馐。500米长的LED巨型天幕更是成为圆融天幕街区的最大景观亮点。

——解读：我们可以看到，随着城市综合体业态的兴起，消费者已经被引导从消费物品转向消费空间。水上旅游、无国界餐饮、世界之最天幕，成为现代西式空间中身体消费的多元体验。英国学者戴维·钱尼（David Chaney）认为，游客的参观也是一种生产，旅游业的前提是文化差异可以作为旅游文化的资源被占用，游客关心的主要是那些构成一个地点之独特性的符号或标牌。

左页图17：圆融时代广场商业街局部

天幕:

天幕全长约500米，宽32米，高约21米。在建筑规模上，已超越了美国拉斯维加斯天幕。优美的弧线宛如一条炫目的长虹，飞架在城市的上空。现代科技带来的富于梦幻色彩和时尚品位的声光艺术，成就苏州巨型空中光影奇观。每晚定时开启，咫尺缤纷，临境震撼，将极大满足大家对视觉享受的终极渴望。

——解读：如果说，圆融广场天幕作为世界之最的标牌，无论是驻足举首的行人，还是临窗仰望的食客，被这种描述为"将极大满足大家对视觉享受的终极渴望"的天幕魅力所吸引，那么，它呈现出斑斓炫目的片段性、瞬时性的视觉图腾，近乎是现代娱乐工业流水线上订制的美学代用品，它催生了一种当代空间消费生活中瞬间性的崇拜行为。结合同济大学教授张闳的观点，笔者认为，这种视觉体验与崇拜无需专注、深度与持久，它只需视觉欲求的瞬间满足和惊叹，以外部的视觉狂热掩盖内在空洞的事实。这些似乎正在加剧当代人内在生活的失忆空洞化与外部生活的瞬息泡沫化，于此形成一种相得益彰的符号消费美学。

品牌:

圆融时代广场引入商家以国际著名品牌为主，其中世界级主力店有久光百货、玩具反斗城、卡通尼乐园、顺电、Wee-World大未来等，另外，星巴克、肯德基、汉堡王、COSTA、苏浙汇等知名品牌也入驻其中。

——解读：以上陈列的这些国际著名品牌，实际上大部分仅是西方国家比较普通的大众消费品牌，但在这里却尽力营造出极度丰富的、高端的物质意象与消费空间，人们好像生活在世界级商品构成的丛林中，步行闲逛其中，欣赏着品牌和包装，品尝着所谓环球美食，产生一种惬意感和身份感。这些商品与消费构成了对人们的完美诱惑，这些诱惑不仅仅是其实用性产生的，更是其符号意义产生的。如果这些是对于炫耀性、奢侈性与时尚性在空间中的消费欲望和对空间本身的消费欲望而言的，按学者方立峰的说法，实际上是加重了当代人的相对贫困状况与生活压力的主要原因。所以"消费人"就常常生活在矛盾、焦虑和紧张的精神状态中。

左页上图18：天幕夜景　　左页下图19：圆融时代广场商业街局部

五、身体与精神的方剂：城市综合体与苏州场所精神的异语融境

从生产的空间到空间的生产，从消费的空间到空间的消费，这已是人类的城市生活在空间演化中的重要轨迹。在全球化时代，各地出售的商品在质量和功能上没有实质性的差别，那么，为消费者提供一种引人入胜、永不满足的消费体验，则自然由城市空间的生产来供给。城市空间的生产即成为城市作为身体的生产。如果把现代城市综合体比喻为人类城市身体上的某个器官，如心脏、脾胃等，那么，场所精神无疑就是赋予城市身体的精神元素，以及摄入精神的城市气质。美国华盛顿大学建筑环境学博士廖桂贤说："我深信城市本身不是环境的必要之恶，不适当的硬体建设和过量的制造消费才是地球最大的负担，是让城市生病的原因。"

圆融时代广场的硬体建设与消费文化特征是给苏州这座古城带来负担，还是催生出城市的活力？如果一旦城市身体存在不适，是否可以借用中医的"望闻问切"来诊治？在中医所强调的身体与精神的辨证融治观念下，是否也可以将现代城市综合体与苏州场所精神予以观照？即使圆融时代广场在于传统苏州，虽为异语、呈象相左，然而，苏州场所精神的雅量是否终将融化这些异征，生成而出一种异语融境？所有这些的最终解答，只能等待每个人属于自己的身体与精神的方剂。

左图19：西眺洲际酒店　　右图20：双桥与平台的交接

参考文献：

打造城市循环商业系统，细数全国高端商业综合体. 搜房网. 2011-4-22.
http://www.landlist.cn/2011-04-22/4904907_1.htm.

陈卿. 商业地产开发：警惕伪城市综合体. 2012纸上楼市. 易铺网. 2012-2-29.
http://info.yipu.com.cn/news/focus/2012-2-29/20120229C0838002jk.html.

圆融时代广场网站 http://www.sz-times.com.cn/index.aspx.

赵冰. 长江流域：苏州城市空间营造. 华中建筑杂志. 2011（12）.

陈泳. 当代苏州城市形态演化研究. 城市规划学刊. 2006（3）.

董贺轩，卢济威. 作为集约化城市组织形式的城市综合体深度解析. 城市规划学刊. 2009（1）.

季松. 消费时代城市空间的生产与消费. 城市规划. 2010（7）.

杨震，徐苗. 消费时代城市公共空间的特点及其理论批判. 城市规划学刊. 2011（3）.

原伟泽. 鲍德里亚的符号消费思想评析. 中共郑州市委党校学报. 2011（4）.

余妍. 中国社会的符号消费与社会身份建构——基于鲍德里亚消费社会批判理论的符号消费研究. 海外英语. 2011（5）.

何静，李艳. 消费主义—— 一种异化的生活方式. 学术交流. 2005（11）.

周根红. 博物馆与城市文化的空间生产. 东南文化. 2010（6）.

方立峰. 对消费社会的文化剖析与价值评价——从商品拜物教到符号拜物教. 西北大学学报. 2011（7）.

方世南. 深刻把握苏州城市精神的丰富内涵. 苏南科技开发. 2007（1）.

沈梦岑. 中国元素与场所精神的博弈. 东方艺术. 2010（3）.

杨建军. 场所精神与城市特色初探——以苏州为例. 华东交通大学学报. 2006（5）.

张闳. 欲望号街车——流行文化符号批判. 北京：中国人民大学出版社，2012.

廖桂贤. 遇见好城市. 杭州：浙江大学出版社，2011.

（本文配图夜景摄影：曹志凌； 日景摄影：拙石）

鸣谢：建筑师陆庆对本文亦有贡献，并参与了本文第三章的写作。

城市传播在海外

THE OVERSEAS
URBAN COMMUNICATION

城市传播在海外之一

——城市空间传播初探：以丘吉尔广场为例

在埃德蒙顿市政厅前南望丘吉尔广场

"最初城市是神灵的家园，而最后城市变成了改造人类的主要场所，人性于此得以充分发挥。进入城市的是一连串的神灵，经过一段长期间隔后，从城市中走出来的是面目一新的男男女女，他们能够超越其神灵的局限，这是人类最初形成城市时，始所未料的。"

—— 刘易斯·芒福德 Lewis Mumford（摘自：王安中、夏一波著《城市传播方略》）

一、导言

无论是作历时性地梳理城市发展历程，还是共时性地探究城市区域内外的多项影响，传播对于城市发展而言，都是一个极为重要的促进力量。人们通过传播来传达城市价值，人们通过城市内外各种传播渠道，识别着一座城市的历史与现实。

城市传播学是一门研究城市运行体系中各种载体（包括实体载体和虚拟载体）所承载的信息及其运行规律，以此促进城市良性发展，满足城市相关利益主体需求的应用性学科。城市传播学的研究对象是城市中的各种组织、个人和空间系统及其运行情况。

而城市空间传播研究，则是以城市空间系统为载体，从建筑学、城市设计与城市规划、社会学、传播学、艺术学等视野，通过对基地规划中的视觉关联、环境视觉质量和视觉形式及其表现等视觉规律方面，以及城市文脉与场所精神等社会人文方面的传播研究，来探寻城市空间传播的要义与价值，从而为城市意象的塑造，提供一种参考途径。

二、丘吉尔广场的城市空间传播探析

加拿大阿尔伯塔省首府埃德蒙顿市（Edmonton，AB，Canada）的温斯顿·丘吉尔广场（Churchill Square），所代表的城市复兴发展是力图连接时间与历史、人群与社区、场所与环境的重要文脉，从而创造一处都市整合空间，成为社会和文化的庆典之地。

有些人把城市核心区的复兴发展比喻为人体内器官的替换，或者是在一个生态系统内的场所再植。所有这些程序都要求将新层面和所有复杂的既成系统，仔细地相互连接和整合。

丘吉尔广场遗产项目于2004年10月对外开放，借此举办埃德蒙顿市建城100周年的庆典。丘吉尔广场位于埃德蒙顿市政厅的南面，它的复兴建设为这座城市提供了一处充满活力的、多功能用途的市民空间。

1. 作为传者的城市设计师、市政府、NGO、媒体和市民

城市设计师（Urban Designer/Physical Planner），一般是指具有建筑师背景的规划师，着重于创造有情趣的城市空间环境，创造有当地特征的环境或空间，或使新区与当地的特殊景观和环境特征相联系，强调步行街建设，强调建筑细部和艺术细节与空间环境的多样化。城市设计师作为衔接城市规划师与建筑师的专业工作者，主要参与实施城市广场与街道、城市绿地系统、城市滨水区的空间环境研究与设计实践。 城市设计师往往受雇于政府。作为城市空间传播的主要传者之一，埃德蒙顿的城市设计师从1996年就开始进入丘吉尔广场的设计程序，根据市政府的要求，将群落与社区理念纳入丘吉尔广场都市复兴建设的考量。这是城市文脉主题之一。

市政府作为城市空间传播的另一主要传者，主要是协调城市传播各行为主体的利益和行为，广泛采集社会中NGO（非政府组织）、社区、市民的意见和建议，主导城市历史文脉赓续与可持续发展规划的战略。在1996年，由埃德蒙顿市政府下属的市中心区开发公司

EDDC公布了丘吉尔广场规划方案。该方案的目标是建设具有角色感、功能性和全面设计的温斯顿·丘吉尔广场和环境，并以此为主旨聚焦，建成城市核心区的一处人文场所。尽管这仅是总体规划和广泛的定向，而实际的设计程序包容了大量的与本地社区的协作。

NGO兴起于20世纪70年代，20世纪80年代以后，开始在世界范围内迅速发展和普及。目前，NGO对社会发展的推动和影响近乎比肩政府。作为城市空间传播的协同传者之一，NGO所具备的信息总库和信息交换、社会中介与服务、社会自治和社会倡导等功能，是城市传播的重要力量。丘吉尔广场的设计于2000年至2002年间正式展开，并随着设计进程提供了路演展示。城市设计师和开发商安排了公共展示和会议，听取来自社区、商家、NGO、市议会、投资人和媒体的意见。

媒体属于大众传播者，也是城市空间传播的协同传者之一。加拿大广播公司CBC、城市电视台CTV、埃德蒙顿电视台ETV、阿尔伯塔观察杂志AV、埃德蒙顿日报EJ、太阳报Sun News、地铁报Metro News等主流传媒和其他社区媒体都及时参与并持续报道了丘吉尔广场设计程序和改建工程的进程。

市民是人际传播者和群体传播者的中坚力量，也成为城市空间传播的协同传者之一。丘吉尔广场的设计程序还包括对社区接受度的调查。这些长期的、社会性定位的设计程序，达成了一个高水准的公共综合（实际上达到83％的民意支持率），从而促使该复兴项目主动地、适当地整合了城市的众生态人群。

城市空间传播的五大传者之间的角色相互重叠，影响相互渗透，动力相互作用的整体，构成了一个群落化的生存体系。其中，城市设计师为该项目空间传播的主导者，市政府为空间传播的掌舵者，NGO、媒体、市民则构成空间传播的划桨者。他们形成了丘吉尔广场城市空间传播的一个复合型传者体系。丘吉尔广场复兴建设的投资额为1230万加元，它有效地形成来自省、市政府的拨款，NGO和民间私人捐赠的三级链接。

2. 作为受众的空间传播体验与反馈

受众是信息的接受者，在传播中占有十分突出的地位，扮演着重要角色。受众是传播中信息流动的目的地，是传播链条的一个重要环节，是传播过程得以存在的前提和条件，也是传播效果的评判者。城市空间传播包括城市内空间传播和城市外空间传播两个方面。

（1）聚焦的城市内空间传播受众。

城市市民、城市内企业、城市内NGO、城市内媒体以及城市政府构成城市内空间传播的受众。他们既是城市空间传播的主体，又是城市空间传播的客体。从视觉信息接受者角度看，他们具有高参与性和高接近性的特征。

城市内空间传播的受众居住、生活并工作在同一城市之内，是城市内部重要要素之一。他们与城市构成了一个融合的有机体，在城市空间传播过程中，体现出了高度的参与性。从高接近性而言，城市内空间传播的受众共同生活在城市的实体空间之中，其所居住之城的城市精神、城市文化、城市特色都会潜移默化地模塑着城市内传播受众的认知心理、行为模式。另一方面，城市内空间传播受众还是传播的积极反馈者和二次传播者。

每年的宜人夏季，丘吉尔广场就成为埃德蒙顿市民休闲、聚会、娱乐、狂欢的城市体验之地和视觉盛宴之所。国际爵士音乐节、国际街头艺术家表演节、莎士比亚戏剧节、舞蹈节、Servus遗产节、Fringe露天剧场节、民间音乐节、艺术与工艺设计展会、广场美食节等一系列的广场节会，让城市内受众聚集于此。有人坐在广场的台地剧场观看演出；有人围聚着街头艺术家，不时喝彩击掌；有人一边品尝着各民族的风味小吃，一边相互结识聊天；有人在草坪上坐卧，在林荫里呼吸吐纳；有人陪着孩子们在喷水池中趟水嬉闹……

此时，他们不仅尽情尽兴于丘吉尔广场的美妙夏日和夏夜，这座广场空间的建筑、景观和历史文化环境，也再次给予他们视觉印象与审美上的识别与体认。他们从五湖四海、世界八方来到埃德蒙顿市定居，相聚于丘吉尔广场这处城市地标所在，他们共享着加拿大多元文化的盛会与繁荣，分享着对丘吉尔广场的场所体验。于此地，他们达成了对丘吉尔广场、对埃德蒙顿这座城市、对加拿大的角色认同。

（2）发散的城市外空间传播受众。

随着社会发展特别是城市国际化水平的提高，以及城际间交流往来的频繁发展，我们在此将视线导向城市外空间传播的受众。他们具有高选择性和低参与度的特征。因为城市外空间传播受众存在于城市空间传播的空间实体之外，他们与城市的关系不像内传播受众那样紧密。并且，一般情况下，城市外空间传播受众对城市传播的信息表现出来的参与度并不像内传播受众那样高。

旅游观光客、商务人士、留学考察人士、探亲访友者，以及互联网上视觉体验者等等，他们既是城市外空间传播受众，也是对埃德蒙顿市、对丘吉尔广场临时光顾和短暂停留所获印象的二次传播者和反馈者。由于充分认识并重视这些城市外空间传播受众，埃德蒙顿市政府一直在努力创造作为阿尔伯塔省首府、加拿大中西部地区枢纽以及多元文化聚集地的城市主题形象。经过这些持续投入与营造，埃德蒙顿市荣获了加拿大联邦政府授予的"2007年度加拿大文化之都"的奖项。这座作为北美大陆最北部的大都市，在城市文化形象上，正在为城市外空间传播受众，不断塑造着特色鲜明的城市意象。而丘吉尔广场无疑就代表了向城市外受众呈现其城市视觉意象的传播源点之一。

3. 作为传播文本与渠道合一的场所空间传播分析

从传播学角度来看，城市不仅仅是那些地理性的空间实体，也可以将其视为以时空为载体又游离于这一载体的抽象符号。罗兰·巴特曾经说过："城市是一幅染色体图，文本连绵不绝。"也就是说，城市文本不仅仅是一个个物质化的客体，又是一系列意义的集合体。城市自然环境、城市居民、城市建筑、城市街区等构成了特别丰富的城市文本样态，城市中的一座广场、一道城墙、一座雕塑，甚至是一道公路隔离带、一个垃圾桶等也都可能成为城市文本化表达的一种载体，都可能成为城市精神、城市文化、城市价值取向和城市空间传播的内容。

而丘吉尔广场的空间、建筑与景观等元素又是城市空间传播的渠道，即城市设计师、市政府、NGO、媒体、市民这五大传者，都以该广场空间作为传播交流的渠道，来实现文本的读取、沟通与反馈。也就是说，丘吉尔广场作为传播文本和渠道合一的城市场所，为我们提供了空间传播可读性与可在场性的形态条件。让我们从以下针对广场空间的视觉分析，获得对文本与渠道合一的场所空间传播要素的读取。

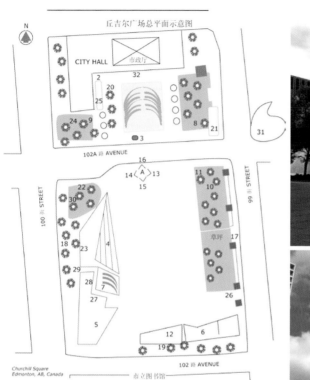

左图1：丘吉尔广场总平面示意图　右上图2：北广场西北侧阴角

右下图3：战争阵亡纪念碑

（1）感受丘吉尔广场的空间构成。

城市设计既为城市规划提供思路和形象化的发展目标，也为建筑设计提供前提和轮廓。城市设计造成使人类活动更有意义的人造环境，改造现有的空间环境。良好的城市空间环境涉及空间的尺度、空间的围合与开敞、与自然的有机联系等。丘吉尔广场的设计是对影响埃德蒙顿市中心区总体形态的关键性要素（丘吉尔广场）进行控制，从而使后期的改建设计与原有的广场格局相呼应。

日本建筑学家芦原义信认为，从空间构成上，作为名副其实的广场应具备四个条件：第一，广场的边界线清楚，能成为图形，此边界线最好是建筑的外墙；第二，具有良好的封闭空间的阴角，容易构成图形；第三，铺装面直到边界，空间领域明确，容易构成图形；第四，周围的建筑具有某种统一和协调，D/H（从建筑物到视点的距离与建筑物的高度之比）有良好的比例。

a. 平面结构。

在平面构成上，丘吉尔广场位于埃德蒙顿市中心区，东西边界分别为99街与100街，南北边界分别与102路、市政厅建筑相邻。北美城市常见的棋盘状道路格局，使得102A路横隔了丘吉尔广场，将其分隔为南北广场的布局（图1）。在北广场的西北角，由于L型市政厅的围合，创造出了一处阴角空间，形成封闭性强、亲切、令人安心的空间（图2）。

北广场以市政厅为北界面，以东西侧两处林荫小公园围合一处中央喷水池。喷水池南侧为战争阵亡纪念碑（用以纪念在两次世界大战和朝鲜战争中阵亡的将士）（图3）。

南广场以相互契合的主题贯穿于该遗产项目的基本原则。丘吉尔广场容纳了三处大型公共建筑，即：南广场西侧的台地剧场（图4）、埃德蒙顿市百年纪念亭（旅游演出预告中心）（图5）和南端的公共亭屋（图6）。并以一处北中心区的瀑布景观（图7）作为联结这些建筑群的主旨角色。该区域拥有开阔的绿色植被景观，东西侧分别保留了老广场的林荫小公园，并通过公园空间大量的自然花卉来调和直线规矩的广场轮廓线。

左页图4：露天台地剧场
右页上图5：百年纪念亭
右页中图6：开放式亭屋
右页下图7：Epcor瀑布

左上图8：北广场东侧小公园　　右上图9：北广场西侧小公园

左下图10：从南广场小公园望北广场　　右下图11：南广场东侧小公园

环境和景观是丘吉尔广场复兴项目的三大文脉主题的第二项。景观设计的焦点是与水池相映的Epcor瀑布，以及连接预告中心到户外公共台地剧场的水道。南北广场东西侧的四处微型公园由大约50棵树和绿草坪构成，以方便公众使用，并形成一处理想的都市休憩之地（图8—图11）。南广场南部的公共亭屋，是一座开放式玻璃顶面结构的建筑，其中心设有石材火炉和可移动桌椅设施，以便于私密的或是大型的社交聚会使用（图12、图6）。

　　从南广场的三处主要建筑看，它们的纹理相近，尺度模数接近，构成的纹理细致。并且，整个广场的建筑覆盖率与自然绿化率比例合适，具备均匀质地。

图12：南广场开放式亭屋

左页上图13：从广场中心A点向东望
左页中图14：从广场中心A点向西望
左页下图15：从广场中心A点向南望
右页图16：从广场中心A 点向北望

b. 竖向视觉界面。

取大约为广场的中心点A来四向透视广场周围的大型建筑界面，我们可以感受到从A点至东西竖向界面的大型建筑界面的D/H约为2：1。水平视线与建筑檐口的夹角约为30度，其封闭感较强，亦能感受到其建筑立面的细部信息（图13、图14）。从A点至南部竖向界面市立图书馆大楼，以及至北部竖向界面市政厅大楼的D/H约为3：1。此时，水平视线与建筑檐口的夹角约为18度，这时高于南侧围合界面市立图书馆的后侧建筑群成为组织空间的一部分。我们看到后侧这组现代主义风格的建筑群形成的城市轮廓线是如此赏心悦目（图15）。而北侧市政厅后面，由于受到关键性要素的视觉控制，无高出建筑可见，也使得玻璃金字塔顶建筑轮廓是如此主题鲜明、简约明快（图16）。

由于整个广场是三面被道路围合，这些道路外侧才是大型建筑群对广场的竖向视觉界面围合，城市设计师在广场底界面东侧与99街的交接处，设计了五根景观柱，对广场的边缘进行了界定（图17），并在广场底界面西侧与100街的交接区域，安排了林荫小公园雕塑区和休憩林荫道（图18）。另外，广场底界面南端有开放式亭屋的设置，这些都为广场中的人们感受竖向建筑视觉界面，形成了视觉过渡，从而增添了观者的视觉意趣（图19）。

左页图17：广场东侧沿99街的景观柱系列

右页上图18：广场西侧沿100街的休憩林荫道

右页下图19：从南广场南部开放亭屋向北望

（2）感受丘吉尔广场景观元素（小品）的多样性构成。

在建筑行为学和环境心理学快速发展的今天，城市设计师还是环境的组织者。城市环境不仅是三维空间的艺术，而且是由人的活动构成的综合的社会场所。城市设计的研究，从注重空间建筑形式到涉及时间、历史变迁、生态环境；从讨论客体（形象特征、形体组合）到深入城市主体（人的印象和感知世界）。这种渐变的发展，在一定程度上，也是城市设计师面对全球的社会与自然环境变化，对以往专业观点的正反经验的总结。

喷水池、瀑布、林荫小公园、雕塑群、玻璃顶廊道、自行车锁架、台地剧场、无障碍通道等景观建筑小品点缀其间，使得丘吉尔广场展现出生机盎然、人性化尺度与历史文化意蕴共生的城市空间传播场景。（图3、图7、图20—图29）

当您沿99街和100街行走或驾车行驶时，您的视线不会被这些林荫小公园的树木所遮挡。这种将广场与周围道路在视觉上、领域上的一体化处理，让视线通透，您就可以了解其中的活动，或安全地进入该空间，游憩休闲。

城市轻轨的丘吉尔广场站入口，掩映于小公园的林荫光影之下。其建筑体量小巧，混凝土与玻璃材质内敛质朴、视觉通透，在与广场的关系处理上，毫无喧宾夺主之态。在埃德蒙顿市长达半年的冬季，北广场的喷水池就成为免费溜冰场，在其他季节作为浅浅的水面和散射的水瀑，供人观赏戏水。丘吉尔塑像、休憩的工人塑像等散布在林荫小公园内的雕塑群，让人追寻这座城市历史给予我们的记忆和慰藉……

4. 作为城市场所的历史文脉赓续

埃德蒙顿市丘吉尔广场自1965年英国首相丘吉尔去世后被命名，它的复兴计划已有一个悠久的历史进程（图30）。自1912年至今，即有许多对该广场建设的积极建议。比如，一处户外公共圆形剧场的市民广场；一处拥有玻璃天穹覆盖的中庭公共公园，直通一座地下大型商业中心等。这些历史的重要性，广场的历史和埃德蒙顿市的历史，成为设计丘吉尔广场这处城市地标的复兴项目的文脉主题之三。

左页图20：广场喷水池

左上图21：北广场东侧轻轨站入口　右上图22：南广场西侧工人雕塑　左下图23：南广场西侧金属雕塑　右下图24：越战纪念碑

左上图25：北广场西侧玻璃顶廊道

右上图26：南广场东侧底界面铺装和自行车锁架

下图27：从台地和100街通向观景台的双路通道

图28：南广场西侧观景台走道

图29：南广场西侧台地通向100街的台阶

丘吉尔广场的设计原则是"以对过去、现在和未来的平视，来诉说埃德蒙顿的故事"。依照市议会2004年的决议，五根具有10英尺高的明亮的故事柱（景观柱），呈现并象征了这座城市的不同的历史时期。位于广场西南边的百年纪念亭（预告中心），提供旅游信息和票务服务，以供人们参观正于埃德蒙顿市举行的艺术和文化演出活动。该玻璃屋顶联合体的第二层，其功能是提供人们观赏广场其他区域的一处视觉走廊，从这里我们可以远望广场东侧的正在改建中的后现代主义建筑风格的阿尔伯塔省立美术馆（图31）。该预告中心的建筑设计通过对市政厅建筑和历史感的映像来连接本地建筑要素。

可持续发展设计被用于该项目的基础构造和材料设施之中。丘吉尔广场综合了电力、供气、供水和光纤，这些都在室内地下铺设，高效并降低成本。2004年10月2日，埃德蒙顿市建城100周年的大型庆典，得以如期在丘吉尔广场举行。

三、结语

埃德蒙顿市的丘吉尔广场遗产项目是一幅广泛获得社会知晓度、参与度和传播度的都市复兴图卷，它整合连接了时间、人与人、艺术与文化，以及历史所赋予的场所精神。我们似乎看到，这些都促使这座城市成就一处加拿大城市空间传播的经典之地（图32）。

左页左上图30：丘吉尔塑像　左页右上图31：改建中的省立美术馆

左页下图32：从市政厅南望丘吉尔广场

参考文献：

梁雪，肖连望. 城市空间设计. 天津：天津大学出版社，2006.

王安中，夏一波. 城市传播方略. 北京：新华出版社，2008.

芦原义信. 街道的美学. 尹培桐，译. 天津：百花文艺出版社，2006.

Sir Winston Churchill Square. [EB/OL]. [2008−12−19].

http://www.edmonton.ca/attractions_recreation/attractions/downtown/sir−winston−churchill−square.aspx.

Churchill Square Renovation. [EB/OL].[2008−12−19].

http://www.epl.ca/EPLChurchillSquare.cfm.

（本文配图摄影：拙石）

城市传播在海外之二

——双城记：加拿大的城市更新与复兴

哈利法克斯市远眺

魁北克市圣·罗切区艺术家公寓

城市更新（Urban Renewal）是有关在调适高密度的都市用地领域，对土地进行再开发使用的一类具有争议的城市规划理念和实践。当代北美的城市更新与复兴（Urban Renewal and Revitalization）实践，已经在一定程度上，引入新城市主义（New Urbanism），来进一步推进城市的可持续发展。

城市更新理念可以上溯到美国建筑师罗伯特·莫斯在20世纪30年代，对纽约大都市的再开发规划设计。莫斯倡导大规模的新桥梁、高速公路、住宅区和大型公园的建设。他的这种热衷致力于大规模的城市更新建设，对城市和人居所造成的影响与结果，使其人与其理念成为富于争议的对象。

1961年，美国学者简·雅各布斯出版了《美国大城市的死与生》一书。她是最早的强烈批判大规模城市更新的批评家之一。但是她所强调的都市复兴的观点和理论直到数年后，才开始为有组织的反城市更新运动所采用。这也为后来发轫于北美，至今越来越广布世界的新城市主义理念与实践所继承、借鉴和发展。

城市更新理念源自于20世纪40年代末的热烈倡导期，并延续到70年代末，其发展轨迹直达80年代早期。该理念对城市规划与城市景观形成了关键性影响。这些城市更新与复兴项目对城市历史和人居的发展变迁，在世界范围内扮演了重要角色。这些城市包括：中国的北京，澳大利亚的墨尔本，英国的格拉斯哥，美国的波士顿、旧金山，波兰的华沙，西班牙的毕尔巴鄂，加拿大的哈利法克斯，等等。

本文以加拿大的魁北克市、哈利法克斯市为例，试图对加拿大在城市更新与复兴中，以艺术与文化的激活来导入新城市主义形态，予以管窥解读。虽国情、地域不同，却亦可为中国的城市规划设计与城市传播，提供借鉴与参考。

一、背景

1. 历史

随着上世纪50年代和60年代加拿大城市郊区的社区的高速成长和蔓延，城市中心区经历了居民的大量外迁，这直接导致了市中心的活力丧失。缺少夜间营业的店铺和夜间街道上的步行者，曾经熙熙攘攘的城市中心区的街区变成空乏并令人畏惧之地。

始自20世纪80年代，加拿大的很多城市开始直面中心城区的衰退，政府和开发商意识到空置的遗产建筑和低廉的商业空间具有巨大的潜在价值。很多城市将中心区的商业空间再次植入居住区域，以此来鼓励城市社区的人口回流。

2. 现状

在过去的十年间，许多加拿大的大城市，纷纷运作和实施了复兴项目，在这些城市的规划设计中，着重将艺术与文化的激活与导入作为城市更新与复兴的重要举措。

另外，很多大城市实施了城市更新与复兴的可行性研究，并且设立了独立和详尽的艺术与文化激活计划。地方政府配合省政府和联邦政府以及私人和非营利组织，来促进这些艺术与文化激活目标的实现。

这种对当代都市空间价值利益的再考量，也导致了这些城市认识到都市复兴的重要性，并通过艺术的手段来促使城市社区获得新生，以及促进社区的身份识别和凝聚。

二、双城实例

1. 为艺术和文化而设计：魁北克市圣·罗切区（St. Roch, Quebec City）

作为对艺术和文化的核心聚焦，以及主动促进经济与环境的整合战略，圣·罗切区代表了加拿大的一处都市复兴和文化赓续的典范之地。

魁北克市位于加拿大魁北克省，该市的圣·罗切区曾经被一家女性内衣厂、一家制革厂、一家锯木厂、一家酿酒厂、一家大型百货公司和众多红砖墙面的遗产建筑所占有。这些在都市街景中多种年代的建筑构成，展现了圣·罗切地区曾经的历史视觉。在过去的15年间，一处融合艺术、文化和教育为坚实基础的城市更新与复兴项目，使圣·罗切地区的景观融入了学院教育、创新创作、贸易产业与环境的可持续发展。圣·罗切地区成为了一处艺术与文化都市村落的原型。

在18世纪，圣·罗切区曾是魁北克市的都市上城地区。在19世纪，该地区发展为一处熙熙攘攘的商业中心。在20世纪六七十年代，都市的蔓延、城市其他部分的大规模扩张发展，以及该地区大型交通设施的分隔，使得该地区及邻近的居住和商业社区呈现荒漠化。

复兴步骤的第一步就是重新定义该邻里社区的目标和识别，并将圣·罗切的识别定位于一处艺术、社区与文化的首要之地。始于1992年，魁北克市导入了被称为Revitalization的都市复兴项目，它主动地坐拥丰富的建筑空间遗产、致力于供给居所、活跃经济往来，以此发展出一种新都市生活方式，为艺术与文化创意者、展览演出者提供理想场所。

左图1：魁北克市圣·罗切广场俯瞰1　中图2：魁北克市圣·罗切广场俯瞰2　右图3：魁北克市圣·罗切广场夜景

左图4：魁北克市圣·罗切广场建筑立面1　右图5：魁北克市圣·罗切商业区

（1）经济的可持续发展。

对艺术与文化的整合是在加拿大诸多城市规划中日益流行的现象。越来越多的城市开始把文化规划作为都市激活的关键点，选择艺术、文化及其首要识别的生发地，并以此为重现经济可持续发展而确立艺术核心。

早在1993年，魁北克市导入了融合经济发展和城市规划、住房供给为一体，将Lafabrique建筑部分与一座位于该地区中心地段的女性内衣厂场地相结合。随后，该市于此创设了艺术与文化创意区，容纳了10多家文化机构，这些机构聘用了100多名雇员。

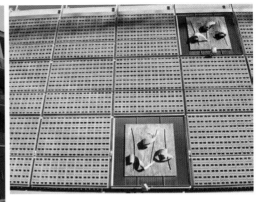

左图6：魁北克市圣·罗切区艺术家公寓　右图7：魁北克市圣·罗切区艺术家公寓外墙装饰

（2）社会与文化之利益。

以高度聚焦教育产业和关键性的文化发展战略为主动方式，圣·罗切复兴项目成为艺术与文化的孵化器。首先迈出的一步就是致力于促进艺术教育和学徒实习中心建设，即Laval大学视觉艺术学院、工艺美术机构，这里已有一系列陶瓷艺术、雕塑、纺织服装和书籍装帧等工作坊建成。

该市采取了一系列的刺激政策来鼓励艺术家生活并工作于此地。提供基金、税务优惠等财政措施帮助业主来为艺术家社区培育艺术空间的创新。通过建设可负担的具有艺术美感的住房系列，使社区和经济可持续发展结合起来。于1995年建成的Medusa房屋项目，为一些创意者和表演者提供了居所，同时也向流浪艺术家提供居所，以供他们进行精神交流。圣·罗切的艺术家之家是工作与娱乐之地。分区规划的制度为该复兴空间的可延展的使用而网开一面。混合型使用是圣·罗切地区复建的关键所在，它适用于混合型的商业、职业和新艺术家社区的身份识别。尽管这种识别是流变的，而承诺对艺术家生活区的保护却是实在而为的。这些供给设施和居所，只允许由在此工作的艺术家购租，以此确保艺术家不会因为该地区的经济改善而被逐出该空间。

左图8：魁北克市圣・罗切广场建筑立面2　右图9：魁北克市圣・罗切广场街道1

（3）环境的可持续发展。

圣・罗切这样的都市地区缺少自然绿地和公园空间，因此，需要环境的可持续发展来达成非传统意义的定义。圣・罗切区采取了两条措施使他们的城市景观恢复自然环境。在1992年至2000年间，魁北克市投入了3170万加元用于该地区的绿化项目。例如，圣・罗切公园、维多利亚公园和Gare Du Palais公园。第二项努力是通过艺术项目再生了覆盖都市结构的环境表皮。Zoneart画廊曾因为一处高速公路的柱子影响了公共空间的壁画，发起组织了上街的行为艺术，促使邻近的一处停车场进行改造，并将这些柱子改建在植物茂盛之地，使柱子得以掩蔽。

（4）现在与未来。

自1999年以来，魁北克省发布了促进新技术发展的政策指南，使得新经济开始在圣・罗切区安家。更近期的新进入该地区的机构，包括了国家科学研究院、国家公共行政学院、新技术发展中心和魁北克新技术国家中心等。

复兴实施的核心，即魁北克市市长Jena Paul L'Allier所说的"和谐"。聚焦于艺术与文化，以及经济与环境的战略性整合，圣・罗切区正在将和谐实施于加拿大都市复兴与文化赓续的典范之中。

左上图10： 魁北克市圣·罗切广场街道2　　右上图11： 魁北克市圣·罗切广场街道3

左中图12： 魁北克市圣·罗切广场的修女　　右中图13： 魁北克市圣·罗切广场景观柱

左下图14： 魁北克市圣·罗切广场教堂区域改造前　　右下图15： 魁北克市圣·罗切广场教堂区域改造后

左图16： 100多年前的哈利法克斯市　　　　　　　右图17： 哈利法克斯市的历史建筑

2. 文化衔接与激活的整合都市设计：哈利法克斯市（Halifax）的城市复兴

哈利法克斯市是加拿大Nova Scotia省首府，是一座历史悠久、美丽迷人的海滨城市。

而今，越来越多的城市正在认可在不断成长的中心区进行城市设计的重要性。城市设计挑战这些常态的公共空间要素，用其具有深远意义的设计来服务于社区。这些分隔公共空间和私人空间的媒介要素，诸如道路、长椅、公园、绿荫小路、人行道、林荫大道以及停车场等，已经被设计为整合要素，将文化、识别和社区直接地编织为都市风景。哈利法克斯市这样的都市区域，正致力于都市设计项目来促使都市核心区成为更宜居的空间。

为了促进都市设计，哈利法克斯市采取了两种主动方式：一是市政府组建了一个特派组，来协调原本归于都市设计范围的常规活动；二是设立"哈利法克斯市省会区域都市设计奖"，来奖励支持其都市设计。该奖项鼓励建筑师、规划师、发展商、设计师和社区群落的协作努力，并点亮提升哈利法克斯的艺术、文化和社区的都市设计系列。这些主动方式促进了公共空间的美化、文化遗产的恢复和环境保存。

（1）公共空间的美化。

在过去的数年里，哈利法克斯已经运行了这些主动方式来美化和更新其市中心区的形象。2003年的街头涂鸦根除项目已经清除了50000平方英尺的非法涂鸦。该市还执行了包括邻近哈利法克斯北区图书馆的一处公共休闲区的重建项目。该省政府的特派组促成了一种新颖、富于美学价值和趣味的道路导航系统，可以帮助车辆和步行者协调有序地通行在中央商务区的不同区域。

（2）宜人的场所。

市民活动和节日将观众引入都市核心区，他们在市政厅前进行节日游行，并走近滨水区麦克唐纳桥的交通要道。在距省政府很近的地方，滨水区开发公司促成了哈利法克斯市的一处处滨水活动场所的建设。木栈道、袖珍公园、步行者的活动空间等设施，为帐篷演出、凉亭、表演者和观众提供了高峰季节的使用便利。这些空间充满着活力并吸引大众，其视觉魅力使大众获得充裕的娱乐休闲。这些娱乐休闲向我们展现了如高桅帆船集会、国际街头艺人节、Grou Tyme节和景观树亮化等动人场景。

（3）遗产要素的恢复。

该市还将历史价值评估注入他们的都市设计哲学，达成文化遗产保存的有效途径。遗产住宅基金提供给市级遗产住宅的仅仅小型修护和修复的资助即达到5000加元。更大的资助在10000加元以上，主要用于商业性建筑之遗产空间的修复。

哈利法克斯市启动的道路砖铺装的修换项目，使市中心区的步行者通道破旧损毁的碎砖片得到更换。在整个遗产修复行动的过程中，该市通过对历史性保存和历史特征保护的评估，使社区得以永存。

图18：哈利法克斯市的轨道交通与河流相邻

（4）环境保存。

哈利法克斯市的都市设计哲学同样描述了环境和景观共生的中心主题。该市的环境措施包括城市公园绿地的复原和在整个夏季旅游旺季的城市保洁项目的加强。另一个环境措施是港湾方案项目。该项目开始于2003年年底，包括建设一处新的污水排放系统，将污水处理从哈利法克斯港湾转移至本市的污水处理厂。

（5）未来。

近年来，哈利法克斯市完成了都市设计的基础报告。该都市设计项目以该省会区域优秀的街景和公共空间的都市设计为有效整合，展现了哈利法克斯市的复兴方向和指导原则。而这些指导原则加强了这样一种概念，即该市的都市设计研究项目被描述为："都市设计涉及使'人美其物、物美其美'，它将塑造首府地区的未来活力和可持续发展。"

图19：哈利法克斯市的历史建筑局部

三、结语

加拿大是一个幅员辽阔、自然资源和能源充沛、经济和科技发达的国家。自1867年建立英属加拿大联邦至今的100多年以来，加拿大的城市建设和发展形成了具有典型北美模式的城市形态，其间的兴衰更迭与调适复兴也随着经济、技术与文化的环境变迁而赓续着。

加拿大在城市更新和复兴的实践中，注重资源维系与生态和谐，提倡科技含量与内敛质朴的社会发展形态，以及导入艺术与文化来激活都市复兴，这些都给予笔者在亲历阅读加拿大之际，以多维和直观的体验与感受。

参考文献：

Tourist Attractions in Quebec City. [EB/OL]. [2008-12-17].

http://www.planetware.com/tourist-attractions-/quebec-city-cdn-qu-quq.htm.

Halifax Tourist in Canada. [EB/OL]. [2008-12-17].

http://www.planetware.com/canada/halifax-cdn-ns-nsh.htm.

Warfield, K. [EB/OL]. Urban renewal and revitalization. [2008-12-19].

http://www.creativecity.ca/resources/project-profiles/index.html

（本文为编译稿）　　　　　（本文配图摄影：Donovan，Derekr Rogers，Pinkcigarette，Tom&Ginger）

城市传播在海外之三
—— 世界宜居之都：温哥华

温哥华市中心的威斯门酒店 （拙石 摄）

温哥华是北美地区城市可持续发展设计桂冠上的一颗璀璨珍珠。受赐于其地理位置、活跃的经济、丰富的多元文化活力，温哥华在最近的20年间，城市人口增长超过一倍，成为目前北美地区人口密度最高的大城市（按：超过纽约市，2008），它却在很大程度上阻止了城市的蔓延，并促进了城市的可持续发展。自20世纪90年代中期以来，温哥华的市中心区建成了数以万计的公寓住宅，所有这些，都使得温哥华连续多年被联合国人居与环境署评为世界最宜居城市之冠。

超过62%的温哥华市民居住在紧凑型的社区内，另有11%的温哥华市民居住在密度较高的多层公寓楼内。如果温哥华如美国邻居西雅图市一样，进行城市蔓延扩张，那将使温哥华的城市面积迅速扩张到650平方公里。（按：笔者当年所在的加拿大阿尔伯塔省埃德蒙顿市，人口仅100万，而市区面积竟然达到780平方公里。）而实际与此相反，温哥华不仅避免了城市扩张，并且达成了城市生活质量的提高，以其清新的空气质量、充满活力的邻里社区等城市优质资源，成为北美西海岸上最宜人的海滨漫步之城。

一、更多的人，更少的汽车

生活在紧密的都市社区，是一种更领先、更生态的生活方式。当我们居住于紧凑型的社区，就更容易减少开车、更多分享乘车，在这个地球上更轻松地行走。

温哥华正在不断地减少城市的汽车。在近20年里，数以万计的市民迁入市中心区居住，而街道上的汽车也减少了。这一现象说明，当城市设计是以步行为导向之时，那么，我们就会拥有步行街区的乐趣。

温哥华市中心区提供优质便捷的公共交通系统，包括Skyline轻轨和综合交通换乘站。大面积的公园将市中心围绕，使步行者和骑自行车的人可以行走在绿色之路上。在温哥华西区密度最高的邻里社区步行，穿行于满目绿地与树林簇拥的短街区，这一切都是建立在宜人尺度上，步行者们是如此身心愉悦。取而代之大规模的单一阶层的街区，低收入者的住宅都散布并融入高级住宅区，并被设计成与周边建筑环境协调一致的风格，使人们无法分辨其中贵贱。

图1：温哥华社区1（抽石 摄）　图2：温哥华社区2（Eyesplash Mikul 摄）

　　温哥华的市政府官员们并未满足于已经取得的成就，而是进一步寻求更多的方法，来减少市民对私人汽车的依赖。比如，他们要求汽车保险公司出台按行驶里程来计收保险费的政策，尤其是对那些在高峰时段长距离行驶的车辆，以高费率来收取保险费。这个Pay-As-You-Drive的计划，目前还是车主自愿参加的。但是，市政府还是期望这样可以减少30%的私人汽车使用量，并显著改观城市道路拥堵和尾气排放的污染。

二、密度控制恰当

　　如何使城市更宜居、更可持续发展？在此，我们可以从对温哥华城市设计的解读中，学到很多。

1. Make Developers Pay Their Way

让地产商在市中心建造大型项目，获得高额利润的同时，也坚持公共利益的重要性。这样的地产商，才是适合政府雇佣的。

2. Set Specific Guidelines

对地产商限定严格的规则。在温哥华的某些地段，建筑的高度不得超过300英尺，并且应给树木、绿地和步行道让出足够的空间。

3.　Think Big

尽量寻找机会对混合型的街区进行再开发，对陈旧的基础设施进行重建，并划定新的公共空间。

4.　Think Small

鼓励在现有的邻里社区内，有责任地建造新建筑，特别是在能够利用的闲置停车场、陈旧的楼群区域，建造高质量的住房。

5.　Demond Green Buildings

在支持公众建筑的同时，展开面向个人的项目。所有温哥华新建的公共建筑必须超过加拿大的LEED金质标准。同时，市政府也积极接纳那些私人建屋，达到基本的绿色建筑标准。

6.　Innovate Everywhere

对大型和小型项目兼顾关注。尽管大型项目如Southeast False Creek获得了最广泛的关注，温哥华的绿色促进项目还包括了如翻修交通信号灯为LED显示的小型项目。

7.　Lay Out Your City, To Be Experienced At Three Miles Per Hour

使步行不仅方便，而且愉悦。让购物场所和公交路线靠近每个家庭，并仅需5分钟步行即可到达。减少对私人汽车的依赖，并投资于公共交通设施，使其更安全、低廉和可靠。

8.　Emphasize Quality Of Life

使街道绿色宜人，鼓励艺术人文，投资于公共服务设施。（温哥华中心图书馆VCPL不仅藏书丰富，而且其绿色屋顶和Free Wi-Fi的建筑设计，令人印象深刻。）一座可持续发展的城市的关键所向，在于使市民的生活丰裕，每一天都充满机遇与愉悦，这些都比从城郊地区所获取的更有效、更适宜。

三、温哥华会展中心：加拿大最大的绿色屋顶

当我们在抱怨城市越来越缺少空间之时，实际上，我们却无视自己竟然安坐于大量的尚未利用的空间之下。显然，在房地产价格高涨之际，屋顶似乎从未被认为是影响房地产的综合因素之一。在大多数的城市地区，平坦开放的屋顶完全可以适用于类似花园和院子的功能。Green Roofs（绿色屋顶）、Rain Gardens（雨淋花园）、Green Facades（绿化建筑立面）、Cool Roofs/White Roofs（冷屋顶）、Light-Colored Concrete（淡色混凝土）等，都是当今前沿的Green Infrastructure（建筑绿色基础设施）。

温哥华会展中心Vancouver Convention Centre已被扩建，用于2010年冬季奥运会期间的媒体中心。该综合体建筑的屋顶覆盖上6英亩面积的北美西海岸本土植被。作为一处生动的栖息地，它将提供清洁、浇灌和给排水的一整套系统。温哥华所在的不列颠哥伦比亚省的雨季，将使得该屋顶获取充足的雨水，为整座建筑的景观服务。当天气不能提供足够的雨水时，一套水处理系统将会清洁并循环地使用来自建筑内部的水源，因此无需引入市政供水。

另外，该建筑的屋顶将抵御日晒对建筑的侵蚀，并帮助维持更有效的室内温度控制。在冬季隔绝严寒，在夏季保持凉爽。该会展中心的运行将在很大程度上减少暖气、空调制冷和供水的成本。当然，这片茂盛的景观，也将吸引鸟虫的栖息和光临，为这座城市的绿色健康和生态多样性而作出卓越贡献。

右页左图4：温哥华会展中心屋顶（Eyesplash Mikul 摄） 右页右图5：温哥华会展中心夜景（Eyesplash Mikul 摄）

左页图3：中国艺术家岳敏君的雕塑在温哥华（拙石 摄）

左上图6：温哥华False Creek　（Junnn 摄）

右上图7：2010冬奥会村鸟瞰

右下图8：温哥华市中心的雕塑（拙石 摄）

四、Southeast False Creek街区

　　温哥华仅拥有一些美丽的街景和绿色建筑是不够的，这座城市还需要整体性的可持续发展。温哥华的城市规划师们，似乎已将所有的优秀理念都注入Southeast False Creek这处靠近市中心的老工业区的发展上。第一步，是在此建成2010年冬季奥运会的奥运村公寓。运动会结束后，它已成为各类收入阶层市民的公寓住宅。坐拥满目绿地的办公室、商铺、公园、社区花园和绿色屋顶，规划师们还设计了步行者优先的小径和街道，这些都更让温哥华从汽车中解脱出来。第二步，是公共交通服务的充足。最后，才是私人汽车。停车场将受到限制。这样就可以达到或超过US Green Building Council's Leed的银质标准。（按：LEED是有关可持续建筑的标准体系，由美国绿色建筑委员会制定。）

　　如今，以上规划内容已经建成，Southeast False Creek应该可以堪称世界上最绿色城市中的最绿色的街区。

五、现代木结构的宜居实践

现代木结构（又称为胶合木和工程木材），它为商业和工业大厦、学校和桥梁、别墅和会所等建筑设计之可能，赋予了新的定义。现代木结构的关键构件是胶合木（又称为胶合层积木）。这种产品优化了木材作为可回收资源的建筑价值。鉴于目前加拿大对木材资源进行的严格管理，以优化木材产品，保持国土与森林资源，现代木结构已经成为加拿大建筑木材产品最具资源效率的方法之一。

在加拿大，现代木结构已经应用于许多大型公用建筑，尤其是符合生态环保低碳要求的各类公用建筑。例如：图书馆、博物馆、学校礼堂、体育馆、休闲会所、桥梁等。现代木结构是由规格材木板组成。因为胶合木是合成的，所以可以用次生和三生树林、人造林的小树制造大型胶合木构件，因而体现了生态环保价值。现代木结构的又一大优点是胶合木制造所用的原料，还可以是木屑和回收的废木料，这样就极大地利用了再生资源。据有关科学测算，对于一个年轻的树林，每生长一吨树，便能产生1.07吨氧气，并吸收掉1.47吨二氧化碳。因此，现代木结构不仅低碳环保，而且还能变废为宝、小材大用。现代木结构第三个优点是具有更高的强度和刚度，若重量相同，现代木结构的强度要高于钢材。这意味着使用极小量的中间支撑，现代木结构便能实现更大的跨度。这些对于建筑师在设计上可获得无限的灵活性，对于钢筋混凝土则达成了有效的替代性材料价值。

加拿大的现代木结构技术居于目前世界领先水平，温哥华的Forestry Innovation Investment公司与Ainsworth公司都是不列颠哥伦比亚省的知名现代木结构企业，它们正与中国方面开展有关技术与工程项目的合作。温哥华比较著名的现代木结构建造项目有：UBC林业科学中心、UBC可持续发展研究中心大楼（Centre for Interactive Research on Sustainability）(CIRS)、UBC生物能源研究与示范项目（Bioresearch & Demonstration Project）(BRDP)、UBC的地球科学大楼（Earth Sciences Building）、伯纳比人行桥（Kingsway Burnaby Pedestrian Bridge）、里士满奥林匹克速滑馆（Richmond Olympic Skating Oval）等。

右上图12：温哥华West End区的建筑屋顶上有棵树（拙石 摄）

左上图9：UBC林业科学中心 （陆伟东 摄）

左中图10：UBC林业科学中心中庭 （陆伟东 摄）

左下图11：温哥华市伯纳比区Kingsway人行桥 （陆伟东 摄）

上图13：从温哥华West End区的COAST酒店阳台上观景（拙石 摄）

　　UBC林业科学中心位于不列颠哥伦比亚大学校园内。大楼面积共计17500平方米，包括教室、办公室、演讲厅等。大楼由三部分组成，一幢为四层混凝土方形结构、另一幢为围绕前幢的L型建筑，两幢建筑的中空部分为木结构建成的共享空间，学生在其间看书学习，采光优质，环境感非常好。由四根木柱组成的大柱直通屋顶，顶部透明采光，斜梁组成的屋面结构构造简洁，所有木结构构件均采用PSL制作，采用内夹钢板加螺栓节点连接。这处建筑成为UBC师生们最喜欢的场所之一。

　　Kingsway人行桥位于温哥华市伯纳比区Kingsway和McMurray大街的交叉口，桥梁跨度43米（145英尺），桥宽约3米，桥梁由钢木组合的拱和作为拉杆的后张法预制混凝土走道板组成，有上盖的木结构拱由六根"捏拢"曲线胶合木拱组成，木拱两端锚固在钢结构支座上。"捏拢"曲线木拱对结构的抵抗振动有利，2米多高的无框玻璃幕墙直接点式锚固于吊杆上。Kinsway人行桥像一道木质彩虹，跨越在温哥华市伯纳比区的繁华街口，静静地等候路人，似乎将引导来自世界各地的人们，更深度地探访这座世界宜居之都的奥妙所在。

（本文为编译稿）

参考文献：

Steffen, A., (Eds). WorldChanging. New York: Abrams, 2006.
江苏省土木建筑学会竹木结构专业委员会. 中国代表团赴加拿大UBC技术交流. 景原学刊. 2012（2）.

鸣谢：南京工业大学陆伟东教授、程小武副教授对本文亦有贡献。

城市传播在海外之四

—— 作为公共关系的公共建筑：关于建筑传播策略的理论与实践之思考

Public Buildings as Public Relations:
Ideas about the Theory & Practice of Strategic Architectural Communication

Author：Scott Berman
Translator：Kang Xu
译：拙石

英文作者：司各特·贝尔曼（Scott Berman）

美国伊利诺斯大学传播学博士、密歇根大学传播学硕士、新泽西州格拉斯保罗学院新闻学学士。

曾任加州大学助理教授，现定居丹麦。

尽管其媒介关系并非显而易见，建筑的确是一个传播的媒介。更具体地说，一座公共建筑、一种建筑形式本质上就是一种公共关系的策略、一种传播方式。这一主张可以适用无数的例子，如：你的最大的客户的公司总部、你工作的大学或研究所、你进入的社区服务的办公大楼等等。本文研究了两类实用的例子：从理论研究着手，来解读弗兰克·L·赖特（Frank Lloyd Wright）设计的，位于纽约市的世界闻名的所罗门·古根海姆艺术馆（1956）；从实践研究着手，来解读Milwaukee市的市长John Norquist对建筑的策略性宣传。其目的是描述出建筑传播中意想不到的关系，并促生对全面的公共关系之相关新构成所进行的思考。

一、Theory 理论

建筑于此被定义为一种构造或结构与象征性元素的结合体。[1] 建筑是一处场所，也是一种象征，一种建筑工程和装饰。它是一个媒介、交通工具或模式，用以促进人与人，以及人与物的互动。建筑促进这种全身感官感觉的互动。建筑物比任何其他的媒介都更普遍地作用于人。建筑是最完全必要的传播媒介。它传达了作为身体的庇护所的心理知觉。好的建筑物比任何其他媒介更体现出与人的密切关系。

所有的建筑物都在一定程度上进行着传播，这更多地体现在公共建筑上。公共建筑在抽象的理念上，如人的血脉和天性，更明晰地被定义为对社会关系的植入。这里所指的"公共建筑"，其机构或功能即是涉及所有人的利益之表象。公共建筑又是内容广泛却又非常单薄的关系所在。公共建筑比私人建筑建立在更令人信服的严格标准之上，基于构造和象征的元素，前者为使用者提供了更具平等性的合理期望。而这些期望正是通过传播来介入的。想一想世界500强公司的总部，如果其总部大楼在建造成本、有效性、安全性或可进入性方面没有实现人们的期望，甚或没有能传达公司管理层的期许，那么，无论对于这些公司，还是建筑师而言，这都会在公共关系上造成很大问题。

贝聿铭于20世纪70年代，为波士顿的Mutual保险公司设计的、富于争议性的、危险易碎的玻璃大厦，就是让保险公司在公众形象方面受损的一个重大失误。并且，摩天大楼的玻璃幕墙需要花费数月的时间和巨额费用来维护与维修，这些都使得建筑师所设计的建筑，以其在大众媒体的光鲜视觉形象，换来这家保险机构在公共关系上的灾难。[2]

从象征意义而言，最令人难忘的就是那些于20世纪60年代发生在著名的建筑场所的抗议活动。抗议人士看到他们对公正与和平的期望受到了大机构的抵触。这些大机构对其建筑形象的崇高追求，体现在大众媒体封面上的夺人眼球的视觉铺陈。1968年，哥伦比亚大学的学生在Neo-Classical新古典主义风格的图书馆的示威就是一个典型例子。今天，建筑预算的超支和工程的延期已成为常事，人们的期望与公共建筑之间的差距所形成的破坏性的例子已经昭然若揭。于是，甚至是在这种不被期许的形式下，公众的期望还是通过传播而被表达、接纳或抵制。

传播于此被定义为人与人、人与物之间的言语或非言语的互动。这里讨论的是与传播有关的两种普遍的模式：传达和仪式。大多数的传播学都集中于传达研究，或者说是媒体如何进行传播和发送信息。而与之相反，仪式模式是研究有关对传播活动的参与，即使新的或相关的信息并没有被传达。[3]

人们的传播与沟通在很大程度上，是力图运行他们从生存到信仰的环境。这样，修辞作为使用语言说服来广泛普及的传播，就成为关键所在。[4] 当今社会的公共关系专业人士即是领先于他人的修辞者。

从本文讨论的目的而言，公共关系是为说服而设计的一项管理功能。[5] Wilcox，Ault and Agee等人描述的公共关系，是一种蓄谋的双通道传播。其一，是取决于行为表达或介于修辞与行动间的相关性；其二，甚至是传播者们还在争辩什么是公共利益的情况下，所涉及对公共利益的责任感。[6] 这样，我们就有了对建筑、公共建筑、传播、修辞和公共关系的粗略性定义。但是公共建筑的公共关系是如何展开的呢？

二、Public Buildings As P.R. 作为公共关系的公共建筑

借用Umberto Eco的有关将大众媒体的传播现象与建筑链接的创始方法，公共建筑与公共关系的相似性是清晰的。[7] 首先，公共建筑与公共关系两者都是传播。也就是说，公共建筑的设计与项目程序在很大程度上具有历史性的基点，甚至是在不具名或潜意识状态下，执行其传播之潜力。[8] 与此同时，公共关系就在调集和部署某一范围的传播策略，来努力传达和实现目标。

其次，公共建筑与公共关系两者都是商业或组织机构具体的传播形式。也就是说，商业或组织机构的决策者和他们雇佣的建筑师会自觉地考量，公共建筑为其机构及其利益在传播什么价值。[9] 在古根海姆艺术馆的项目上， 建筑师赖特特意为两个机构来传播理念：一个是艺术馆，另一个就是赖特自己的设计实践。并且这两者在总体上都扩展了一系列的关系，即现代艺术与建筑的社区，以及这座城市本身。[10]

再次，公共建筑与公共关系两者都是修辞的形式。也就是说，无论是风格或历史文脉，公共建筑的结构与美学都被设计体现其建筑之美好，或是拥有该建筑之机构是可信赖的、有效率的。而且，公共关系的确是一种修辞，其实质是信息的接受者，是活跃的受众。通常，公共关系只是部分地，而不是全部地通过传播策略来制造观念。

最后，公共建筑与公共关系两者都包含视觉修辞策略。也就是说，大众和公共建筑的风格化元素都是重要的视觉修辞。这些体现在建筑师事务所对其设计项目的从言语到视觉修辞的表达，以满足公众领域对日常生活之需要。就此而言，古根海姆艺术馆实际上就是建筑师手法表达的图式。

左图1：纽约古根海姆艺术馆 （David heald pohotographs 摄）

右图2：纽约古根海姆艺术馆室内 （ISCO72 摄）

三、Interpretations 解读

简而言之，视觉与身体的修辞被建筑师赖特的手笔所表现着。他通过建筑设计语言，试图说服大都市里的这座建筑的使用者，可介入的建筑是首要的Mother Art，[11] 而他本人即是首要的实践者。再具体而言，赖特，这位来自美国中西部地区浪漫的、89岁的局外人（对于纽约而言），富于策略性地以他的设计作为一场公共战役，来面对反对他的现代主义艺术家和建筑师们。[12]

古根海姆艺术馆既是实践与理论的象征，又是成功的持续传播之形式。尤其是它以仪式传播的形式所起的作用。这座艺术馆整合了建筑形式、人群集结和流通，以及光影之律动，创造了一处动感与沉思的分享体验。古根海姆艺术馆的外形特质持续地影响着世界范围内，一个时代的艺术馆建筑设计，这些建筑都因此高度地强化了其机构理念之视觉识别。这些视觉形象使其在竞争性的环境里，促成了对这些建筑其他方面个性特征的补充。[13] 该建筑项目与当下流行的感性视觉达成良好的一致性。其个人主义与内部导向的建筑理念，所传达的当代大众文化是如此的无处不在，与现代主义艺术和现代大都市语境形成了富于争议性的对立。该建筑弧形行列式的立面形式，在视觉上抽象表达了建筑之艺术，并且是用其自身语言来传达的。[14] 剥除其表面的情感特质，赖特所定义的与他所反对的内容之间，呈现自相矛盾，在他被推崇的时代，却又被认可为适时之选。如此情形下，古根海姆艺术馆成为一个挑战作为公共关系的公共建筑的、具有讽刺意味的典范。而今，更多的解读都强调这一事实，并强调作为公共关系的公共建筑之价值。

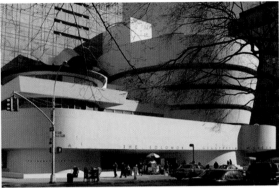

左图3：纽约古根海姆艺术馆（来源：Urban Planning Blog）

右图4：纽约古根海姆艺术馆 （Vistingdc 摄）

四、Practice and Evaluation 实践与评估

　　Milwaukee市的市长Norquist，很显然地明白本文描述的建筑所构成之关系。作为一名建筑的吹鼓手，并非建筑专家的Norquist，近年来，一直活跃于城市规划与设计理念的最前沿，即以建筑之潜力驱动市中心区街道、夜生活，以及商业之振兴。"市长通过行政导向，双管齐下地进行成本控制与风格控制，来支持这些城市项目。"该市的财政规划员Dennis Yaccarino说道。"或者说，风格并不一定意味着高昂的成本，而是意味着为城市的经济增长与生活质量提高而创造附加值。"从逻辑上而言，这样的政策可以加强城市视觉形象并驱动公共关系，以达成促进经济增长的目的。追随这个策略目标，该市长力推城市建筑符号之改观，并通过建设满足步行街导向的新城市项目，来移出市中心区太碍眼的停车场地。

　　并且，该市近年来制定城市策略与决策，批准并建设了宜人的、适合人行尺度的桥梁等基础设施，这些都繁荣了城市与周边区域的发展。因此，城市设计的美学价值得到特别的关注，而非仅是建造成本。[16] "就观念上而言，商业社团和本地的社会活动家，都在评议这些设计项目对生活质量和总体价值所起的作用。"Norquist市长的政策主任Steve Jacquart说道。"顺便说一句，桥梁的美学价值并未造成建造成本的增加，事实上，这

图5：Milwaukee市大桥 （来源：www.epa.gov）

些桥梁的成本要比选择传统的设计方式更低。"这一策略目标创造性地使市民介入建筑环境，以及真正意义上的城市生活，因而，促生了有意义的、可信赖的社区关系之新机会。如此，一个准确传播政府社会活动的视觉形象，被创新地公示于大众。

"这些成本与风格控制的目标也在Milwaukee市的威斯康辛中心（Wisconsin Centre）造价1.65亿美元的设计项目中得到体现。该建筑模仿1905年烧毁的工业展览大厦，其最终的设计预算，市政府采纳了基本上介于多项设计提案中的中间方案。"Yaccarino说道。

他还说："在实际的项目成本之外，几乎很少有物质方法能衡量建筑宣传政策的价值。简单化地调查哪些公共建筑可以拆毁，哪些可以保存，来测试作为公共关系策略的建筑之影响，这是一种常识的方法。"Norquist市长则建议另一种常识的方法："有一种被我称为明信片的测试法，如果你在那些可以登上明信片的已建成的建筑景观里，未能发现什么，并且它并非是私人建筑，而该建筑的整体效果未能给你足够印象。那么，该建筑师即失败了。因为其创作的一处公共场景，不为人们喜欢，不为人们认可。"他说道。[19] "我们没有科学的方法论来衡量这些。"Yaccarino所说的这个衡量，即再加上那些像项目经理角色的市府官员、建筑师们，努力在成本控制与建筑风格之间把握平衡而已。

如此，以一种与建筑师赖特非常不同的方法，Norquist市长使用了类似的、策略性的建筑设计语言，来尝试说服建筑的使用者们，告知他们Milwaukee市已是一处可以适时获取新能源和投资的创新型的都市之地。他的建筑语言也意味着把与公众、市民的信息联结，绑定在一个不断增长着的、多样性和高速变迁的社会文脉之上。在这样的社会文脉中，（建筑）语言转换的传统形式正如媒体一样，产生了与公众、市民理念价值的传播共振。显而易见，作为传播的相关形式，尤其是，即使不以概念化而论，建筑能够并且理应是，立于不断增长着的多样性公共领域内，一种公共关系之显性策略。

Footnotes 注释:

[1] For some important tectonic definitions of architecture, see Le Corbusier, *Towards a New Architecture* (New York: Holt, Rinehart and Winston, *1986)*. Walter Gropius, *The New Architecture and Bauhaus* (New York: Museum of Modern Art, 1937). For some important symbolic definitions of architecture, see Christian Norberg–Schuiz, *Intentions in Architecture* (Cambridge, MA: The MIT Press, 1965). Karsten Harries, "Building and the Terror of Time", *Perspecta: The Yale University Architectural Journal, v. 19, 1982*: 59. Ada Louise Huxtable, *Architecture, Anyone?* (New York: Random House, 1986). Xiii. For some important hybrid (tectonic and symbolic) definitions of architecture, see Amos Rapoport, *The Meanings of the Built Environment: A Nonverbal Communications Approach* (Tucson: The University of Arizona Press, 1990). Georg Wilheim Frederick Hegel, *Phenomenology of Spirit* (Oxford: Clarendon Press, 1977). Charles Jencks, "The Architectural Sign", *Signs, Symbols, and Architecture*, Geoffrey Broadbent, Richard Bunt, and Jencks (eds.)(Chicester, N.Y.: John Wiley & Sons, 1980: 72) .

[2] Michael Cannell, *I.M. Pei: Mandarin of Modernism* (New York: Carol Southern Books, 1995). Cannell also noted that for period protesters, the orthodox modern building came to symbolize the cold, anti-human aspects of modernity, causing Abbie Hoffman to shake his fist at the tower and declare, "That is the enemy." Ibid. 207.

[3] The ritual model of communication is historically linked to notions of "sharing, participation, association, fellowship, (and) the possession of a common faith." James Carey. *Communications as Culture: Essays on Media and Society* (New York: Routledge, 1992: 18) .

[4] For a useful discussion of the definitions and practical applications of rhetoric, see Elizabeth L. Toth, Richard L. Heath, *Rhetorical and Critical Approaches to Public Relations* (Hillsdale, N.J.: Lawrence Eribaum Associates, 1992). For a discussion of art and architecture as persuasion, see Rodney Douglas Parker, "Architecture and the Humanities", *Rejuvenating the Humanities*, Ray B. Browne and Marshall W. Fishwick (eds.) (Bowling Green, OH: Bowling Green University Press, 1992: 122–130) .

[5] For a theoretical, social interactionist discussion of public relations, see Thomas J. Mickey, Sociodrama, *An Interpretative Theory for the Practice of Public Relations* (New York: University Press of America, 1995). For a basic, conventional overview of public relations, see Dennis L. Wilcox, Phillip H. Ault, Warren K. Agee, *Public Relations: Strategies and Tactics* (New York: Longman, 1998).

[6] Ibid. 6-8.

[7] Eco argued that both architecture and mass media aim at mass appeal; are businesses; can be physically persuasive; are often experienced inattentively; can be interpreted aberrantly; fluctuate between being coercive and indifferent; and belong to the realm of everyday life. Umberto Eco, "Function and Sign: The Semiotics of Architecture", *Signs, Symbols, and Architecture*, Geoffrey Broadbent, Richard Bunt, and Charles Jencks (eds.) (Chicester, N.Y.: John Wiley & Sons, 1980). See also Norberg-Schulz, *The international Encyclopedia of Communications* (New York & Oxford: Oxford University Press, 1989: 99).

[8] Arguments abound that pertain to the importance of symbol, envisioning and responding to the likely perceptions of building users, and operating relevantly in changing contexts: all issues at the core of communication, even if unnamed as such. See (from the 1st century B.C.) Marcus Vitruvius Polilo, Vitruvlus, *The Ten Books of Architecture*, Hicky Morgan (trans.) (New York: Dover Publications Inc., 1960); Leon Battista Alberti, *On the Art of Building in Ten Books*, Joseph Rykwert, Neil Leach, Robert Taverneor (trans.) (Cambridge, MA & London: The MIT Press, 1988); Geoffrey Scott, *The Architecture of Humanism: A Study in the History of Taste* (London: Constable and Company Ltd., 1924); and Arthur Drexler, *The Architecture of the Ecole Des Beaux-Arts* (New York: The Museum of Modern Art, 1977: 356).

[9] Granted, the norm for decision-makers such as corporate boards or trustees is to commission the best shelter for the lowest cost, but this economical tack is itself a form of communication with implications for stockholders, clients, competitors, and other publics. For a discussion of architecture as business communication, see Rodney D. Parker, Herbert W. Hildebrandt, "Business Communication and Architecture: Is There a Parallel?" *Management Communication Quarterly*, 10 (2). November 1996.: 227-242.

[10] Herbert Muschamp argued that the Guggenheim is "symbolic destruction" of oft-influenced cosmopolitanism and urban development run amok. Man About Town: Frank Lloyd Wright in New York City (Cambridge, MA & London: The MIT Press, 1983: 111-118). For Wright's own view of the extant city, see Frank Lloyd Wright, *The Future of Architecture* (New York: Horizon Press, 1953: 157-158, 165).

[11] "Guggenheim Chides Critics of Museum", *The New York Times*, December 22, 1956. Sec. II: 5.

[12] While alleging that he did not seek publicity, Wright was a keen publicist, at least since

sensationalistic media coverage of a personal scandal had severely damaged his career decades before. In this particular campaign, once Wright was confident of the allegiance of his client, the copper–mining Guggenheim, he chastised the modern artists while positioning himself as the legitimate and innovative expert. *The New York Times* quoted him as saying to the complainants, "I am sufficiently familiar with the incubus of habit that besets your minds to understand that you all know too little of the nature of the mother art: architecture." "Guggenheim Chides Critics of Museum" ,*The New York Times*, December 22, 1956. Sect. II: 5.

[13] Wright ostensibly rejected compromise in his work, and it resulted in few commissions from the epitome of compromise: local, state, national governments. He was never awarded such a commission until the Mann County Civic Center in Rafael, CA in 1957. The post office in the civic center was Wright's only federal commission.

[14] Muschamp（1983: 111–118）. Wright's approach also communicates notions of individualism, freedom from history, movement, provocation, and dissent.

[15] Telephone interview with the author, December 17, 1998.

[16] Telephone interview with the author, December 14, 1998.

[17] Ibid.

[18] Ibid.

[19] As quoted by James Auer, "The Mayor Who Preaches Design", *Progressive Architecture*, 76（5）, 1995: 94.

[20] Telephone interview with the author, December 17, 1998.

参考文献:

Berman, Scott. "Public Buildings as Public Relations: Ideas about the Theory & Practice of Strategic Architectural Communication". *Public Relations Quarterly* 44.1, Spring 1999: 18. Communications and Mass Media Collection.

后记
THE POSTSCRIPT

场所精神、城市与空间传播，是我近年来关注与兴趣的指向。我试图于此书提出一些虽未成体系，尚待深化、考量与修正，却也另具观念视角，更可抛砖引玉的，有关场所、空间、城市传播的引介、探究与思辨。

上海、西安、苏州、加拿大，我至今大体的生命轨迹，就是在这现代与传统的意象的交织中行走，匆匆晃晃已过不惑之年。在上海来到这个世界，却来不及认识何为十里洋场；在西安的早年成长，形成我西北情结的故土厚壤；在苏州的成年历程，我懂得了见识生命的足印，无论深浅虚实；在加拿大的客居，虽为永久居民，却总有亲历阅读西方之际的无尽乡愁。

曾于而立之年后，偶然推开园林建筑的门，我豁然开朗于这个中国精神的家园，徜徉其间、心历胜境。在这里，我得以溯望传统、观望当代、眺望未来。我总以为，历史可以告诉未来，只要我们不负当代。也就是说，在当代这个节点上，我们的维系与创造，即为融境之探索。

地球村是对于人类生存的空间维度而言，多样性的文化是对于人类生存的时间维度而言，时空的流动和融合，更有信息维度来传载。融境问道作为一种生活态度、一种生活追求、一种生活方式，试图透过场所、空间、城市，来探寻与传播我们的时间维和信息维，将我们有限的生命的来、在、去，体认到无限的时空意境之中，即为问道之叩寻。

　　在这个体认的旅程中，邀读者同好一起走来，这些步履足迹之下，就是我们的融境问道。

　　在本书付梓之际，首先感谢苏州民族建筑学会的冯晓东、曹林娣、雍振华、许建华等学者，以及地产建筑界的秦梦玉、陆庆、袁继峰等专家给予本书的帮助。对苏州民族建筑学会名誉理事长徐文涛先生的关心支持表示感谢。还要感谢我的父母以平凡中的不平凡，默默地影响着我的人生。感谢女儿徐子媛光临这个世间与我相伴。最后，感谢苏州大学出版社给予本书的支持！

　　谨以此书献给我的父亲母亲。

　　恳请方家、读者不吝批评指正。

徐伉

2012年10月于苏州

图书在版编目（ＣＩＰ）数据

融境问道 / 徐伉编著. — 苏州 ： 苏州大学出版社，
2012.12
　　ISBN 978-7-5672-0384-6

　　Ⅰ．①融… Ⅱ．①徐… Ⅲ．①城市景观—景观设计
Ⅳ．①TU-856

　　中国版本图书馆CIP数据核字（2012）第285307号

策划编辑：管兆宁
责任编辑：方　圆
装帧设计：拙　石

融境问道

编　著：徐　伉
出版发行：苏州大学出版社
地　　址：苏州市十梓街1号
邮　　编：215006
印　　装：苏州市深广印刷有限公司
地　　址：苏州市浒关工业园青花路6号
邮　　编：215151

开　　本：780mm X 1080mm
印　　张：11.25　1/16
字　　数：201千
版　　次：2012年12月第1版　2012年12月第1次印刷
书　　号：ISBN 978-7-5672-0384-6
定　　价：82.00元

苏州大学版图书若有印装错误，本社负责调换
苏州大学出版社营销部　电话：0512 - 65225020
苏州大学出版社网址：http://www.sudapress.com

融 境 问 道

特别鸣谢：苏州香山工坊建设投资发展有限公司